Kaushal Kumar
Paramvir Yadav

Noções básicas de tecnologia de embalagem

Kaushal Kumar
Paramvir Yadav

Noções básicas de tecnologia de embalagem

ScienciaScripts

Imprint

Any brand names and product names mentioned in this book are subject to trademark, brand or patent protection and are trademarks or registered trademarks of their respective holders. The use of brand names, product names, common names, trade names, product descriptions etc. even without a particular marking in this work is in no way to be construed to mean that such names may be regarded as unrestricted in respect of trademark and brand protection legislation and could thus be used by anyone.

Cover image: www.ingimage.com

This book is a translation from the original published under ISBN 978-620-7-65465-9.

Publisher:
Sciencia Scripts
is a trademark of
Dodo Books Indian Ocean Ltd. and OmniScriptum S.R.L publishing group

120 High Road, East Finchley, London, N2 9ED, United Kingdom
Str. Armeneasca 28/1, office 1, Chisinau MD-2012, Republic of Moldova, Europe
Printed at: see last page
ISBN: 978-620-7-88580-0

"Noções básicas de tecnologia de embalagem"

Por

Dr. Kaushal Kumar

Professor Associado, Escola de Engenharia e Tecnologia,

Universidade KR Mangalam, Gurugram

&

Er. Paramvir Yadav

(Bolseiro de investigação, Escola de Engenharia e Tecnologia),

Universidade KR Mangalam, Gurugram

Índice

Prefácio

O mundo das embalagens é simultaneamente vasto e complexo, tocando quase todos os aspectos da vida moderna. Desde o momento em que um produto é concebido até ao momento em que chega ao consumidor, a embalagem desempenha um papel fundamental na garantia da segurança, integridade e atratividade do produto. "Basics of Packaging Technology" foi concebido para servir como um guia completo para os novos profissionais da área, bem como um recurso útil para profissionais experientes que procuram atualizar h os seus conhecimentos.

Este livro nasce da necessidade de colmatar o fosso entre os princípios teóricos e as aplicações práticas da tecnologia de embalagem. Com os rápidos avanços nos materiais, no design e nas práticas de sustentabilidade, a indústria da embalagem está em constante evolução. Compreender estes fundamentos é crucial para qualquer pessoa envolvida na criação, produção e gestão de soluções de embalagem.

Capítulo 1:

Compreender a embalagem

A embalagem é parte integrante da nossa vida quotidiana, muitas vezes ignorada, mas desempenhando um papel crucial em vários aspectos da sociedade moderna. Desde o momento em que acordamos e pegamos nos nossos cereais matinais até ao momento em que nos descontraímos com um snack embalado à noite, a embalagem rodeia-nos. Esta exploração abrangente tem como objetivo aprofundar os meandros da embalagem, desvendando a sua essência, importância, funções e evolução ao longo do tempo.

1.1 O que é a embalagem?

A embalagem pode ser definida como a ciência, a arte e a tecnologia de encerrar ou proteger produtos para distribuição, armazenamento, venda e utilização. Envolve a conceção, avaliação e produção de embalagens que são não só funcionais, mas também visualmente apelativas, sustentáveis e alinhadas com as preferências dos consumidores. A embalagem abrange uma vasta gama de materiais, formas e objectivos, desde simples recipientes a sistemas complexos.

Na sua essência, a embalagem serve como um meio de contenção, protegendo os produtos de elementos externos como a humidade, a luz, o calor e os danos físicos. Facilita o transporte e a logística, proporcionando um meio de manuseamento, armazenamento e distribuição eficientes. Além disso, a embalagem serve como ferramenta de comunicação, transmitindo aos consumidores informações essenciais sobre o produto, a sua utilização, os ingredientes e as instruções de segurança.

1.2 Importância da embalagem:

A importância da embalagem vai muito para além das suas funções utilitárias. No mercado altamente competitivo de hoje, a embalagem desempenha um papel fundamental na formação das percepções dos consumidores, influenciando as decisões de compra e diferenciando as marcas dos seus concorrentes. Uma embalagem bem concebida não só aumenta a visibilidade do produto na prateleira, como também comunica a identidade, os valores e o posicionamento da marca.

Além disso, a embalagem contribui para o reconhecimento e a recordação da marca, servindo como embaixador silencioso do produto e da empresa por detrás dele. Seja através de logótipos, cores ou estruturas de embalagem distintivas, as marcas podem criar uma impressão duradoura nos consumidores, promovendo a lealdade e a confiança ao longo do tempo. Numa época em que os consumidores estão inundados de escolhas, a embalagem é uma ferramenta poderosa para captar a atenção e impulsionar as vendas.

Para além das suas implicações em termos de marketing e de marca, a embalagem desempenha um papel crucial na garantia da segurança e integridade dos produtos. Uma embalagem adequada protege os produtos de contaminação, adulteração e deterioração, salvaguardando a saúde e o bem-estar dos consumidores. Quer se trate de produtos farmacêuticos, alimentos perecíveis ou materiais perigosos, a embalagem funciona como uma barreira contra ameaças externas, mantendo a qualidade do produto desde a produção até ao consumo.

Além disso, a embalagem contribui para os esforços de sustentabilidade ao minimizar os resíduos, otimizar os recursos e reduzir o impacto ambiental. Através de inovações em materiais ecológicos, designs leves e soluções de embalagem recicláveis, as empresas podem reduzir a sua pegada de carbono e satisfazer a procura crescente de produtos sustentáveis. Ao adotar práticas de embalagem sustentáveis, as empresas podem alinhar-se com as preferências dos consumidores, requisitos regulamentares e iniciativas de responsabilidade social empresarial.

1.3 Funções da embalagem:

A embalagem serve uma multiplicidade de funções, cada uma delas essencial para assegurar a proteção do produto, a promoção e a satisfação do consumidor. Estas funções podem ser categorizadas em várias áreas-chave:

1. **Contenção e proteção:** A embalagem actua como uma barreira, encerrando os produtos e protegendo-os de factores externos como a humidade, a luz, o ar e os danos físicos. Ao fornecer uma camada protetora, a embalagem ajuda a preservar a frescura, integridade e segurança do produto ao longo da cadeia de abastecimento.

2. **Identificação e informação:** A embalagem funciona como uma ferramenta de comunicação, transmitindo informações vitais sobre o produto, o seu conteúdo, instruções de utilização, factos nutricionais e avisos de segurança. A rotulagem clara e o design da embalagem facilitam a identificação do produto, permitindo que os consumidores tomem decisões de compra informadas.

3. **Conveniência e manuseamento:** A embalagem aumenta a comodidade do utilizador ao proporcionar um acesso fácil ao produto, desenhos ergonómicos e características de fácil utilização, tais como fechos que podem voltar a ser fechados, mecanismos de distribuição e controlo de porções. Uma embalagem bem concebida facilita o manuseamento, o armazenamento e o transporte, optimizando a eficiência logística e minimizando os danos no produto.

4. **Branding e marketing:** A embalagem desempenha um papel fundamental na diferenciação da marca, criando impacto visual e transmitindo a identidade, os valores e as mensagens da marca. Os designs apelativos, as cores vibrantes e as estruturas de embalagem distintas ajudam os produtos a destacarem-se em prateleiras lotadas, captando a atenção do consumidor e impulsionando a intenção de compra.

5. **Conformidade regulamentar:** A embalagem tem de cumprir vários requisitos regulamentares, incluindo leis de rotulagem, normas de segurança, regulamentos ambientais e certificações de produtos. O cumprimento das directrizes regulamentares garante a segurança do consumidor, a conformidade legal e o acesso ao mercado dos produtos embalados.

6. **Sustentabilidade ambiental:** Com as crescentes preocupações sobre a degradação ambiental e o esgotamento dos recursos, as embalagens sustentáveis surgiram como uma prioridade fundamental tanto para as empresas como para os consumidores. As embalagens desempenham um papel crucial na minimização dos resíduos, na conservação dos recursos e na redução da pegada de carbono dos produtos ao longo do seu ciclo de vida.

1.4 Evolução das embalagens:

A embalagem sofreu uma evolução notável ao longo da história da humanidade, impulsionada por avanços tecnológicos, mudanças culturais e alterações nas preferências dos consumidores. Desde recipientes rudimentares fabricados a partir de materiais naturais até sistemas de embalagem sofisticados que utilizam materiais e processos de ponta, a evolução das embalagens reflecte o progresso e a inovação da nossa sociedade.

As primeiras formas de embalagem remontam às civilizações antigas, onde eram utilizados recipientes primitivos feitos de barro, folhas e peles de animais para armazenar e transportar mercadorias. Estas primeiras embalagens cumpriam funções básicas de contenção e proteção, permitindo às sociedades nómadas preservar alimentos, água e outros bens essenciais durante as suas viagens.

O advento da agricultura e do comércio estimulou o desenvolvimento de soluções de embalagem mais sofisticadas, como cestos de tecido, vasos de cerâmica e caixotes de madeira. Estes contentores duradouros facilitaram a troca de mercadorias através de vastas distâncias, permitindo às civilizações expandir o seu comércio e intercâmbio cultural.

A revolução industrial marcou um ponto de viragem na história da embalagem, com o aparecimento de técnicas de produção em massa, processos de fabrico mecanizados e formatos de embalagem padronizados. Inovações como a caixa de cartão, a garrafa de vidro e a lata de metal revolucionaram a forma como os produtos eram embalados, armazenados e distribuídos, abrindo caminho para a cultura de consumo moderna.

No século XX, o aparecimento dos plásticos revolucionou a indústria das embalagens, oferecendo alternativas leves, versáteis e económicas aos materiais tradicionais. As embalagens de plástico proliferaram em vários sectores, desde os alimentos e bebidas até aos produtos farmacêuticos e de cuidados pessoais, impulsionadas pela sua durabilidade, flexibilidade e acessibilidade.

Nas últimas décadas, a sustentabilidade surgiu como um tema central na inovação das embalagens, impulsionada pela crescente consciencialização ambiental e pelas pressões regulamentares. As empresas estão a adotar cada vez mais materiais ecológicos, formatos de embalagem recicláveis e alternativas biodegradáveis para reduzir a sua pegada de carbono e satisfazer a procura de produtos sustentáveis por parte dos consumidores.

Olhando para o futuro, o futuro das embalagens oferece possibilidades empolgantes, impulsionadas pelos avanços nas tecnologias de embalagens inteligentes, designs interactivos e soluções inspiradas na biomimética. Desde embalagens comestíveis feitas de ingredientes naturais a sistemas de embalagem inteligentes que monitorizam a frescura do produto em tempo real, a próxima fronteira da embalagem promete ser inovadora e sustentável.

Capítulo 2:

Materiais de embalagem

Os materiais de embalagem são a espinha dorsal da indústria de embalagens, servindo como blocos de construção para a criação de contentores, invólucros e invólucros para vários produtos. Desde os materiais tradicionais, como o papel e o vidro, até às inovações modernas, como os plásticos e os compósitos, a escolha do material de embalagem tem impacto na proteção do produto, na sustentabilidade e na atração do consumidor. Este guia abrangente explora a gama diversificada de materiais de embalagem, examinando as suas propriedades, aplicações e considerações ambientais.

2.1 Papel e cartão:

O papel e o cartão estão entre os materiais de embalagem mais antigos e mais utilizados, valorizados pela sua versatilidade, acessibilidade e capacidade de reciclagem. Derivadas da polpa de madeira ou de fibras recicladas, as embalagens à base de papel apresentam-se sob várias formas, incluindo caixas de cartão canelado, caixas de cartão, sacos e etiquetas. O cartão, uma variante mais espessa e resistente do papel, é normalmente utilizado para embalar bens de consumo, como caixas de cereais, cosméticos e produtos farmacêuticos.

2.1.1 Propriedades principais:

- Leve e flexível
- Imprimível e personalizável
- Biodegradável e reciclável
- Proporciona amortecimento e proteção

2.1.2 Aplicações:

- Expedição e transporte
- Embalagem para retalho

- Embalagens para serviços alimentares (por exemplo, copos, pratos)
- Material de embalagem e de enchimento

2.1.3 Considerações ambientais:

- O papel e o cartão são recursos renováveis, provenientes de florestas geridas de forma sustentável ou de materiais reciclados.
- A reciclagem de embalagens à base de papel reduz os resíduos e conserva os recursos, mas é necessário enfrentar desafios como a contaminação e a degradação das fibras.
- As fibras alternativas, como o bambu e os resíduos agrícolas, oferecem alternativas promissoras à pasta de madeira convencional, melhorando a sustentabilidade e reduzindo o impacto ambiental.

2.2 Plásticos:

Os plásticos revolucionaram a indústria de embalagens com a sua versatilidade, durabilidade e relação custo-benefício. Derivadas de produtos petroquímicos ou de fontes renováveis, como os plásticos de base biológica, as embalagens de plástico apresentam-se sob várias formas, incluindo garrafas, recipientes, películas e bolsas. Embora os plásticos ofereçam inúmeras vantagens em termos de flexibilidade, transparência e propriedades de barreira, as preocupações com a poluição do plástico e o impacto ambiental levaram a apelos a uma maior sustentabilidade nas embalagens de plástico.

2.2.1 Propriedades principais:

- Leve e duradouro
- Versátil e moldável
- Excelentes propriedades de barreira (por exemplo, humidade, oxigénio)
- Transparente e imprimível

2.2.2 Aplicações:

- Garrafas e tampas de bebidas
- Recipientes para alimentos e películas de embalagem

- Produtos de higiene pessoal (por exemplo, frascos de champô, tubos de pasta de dentes)
- Embalagens industriais (por exemplo, embalagens para paletes, películas retrácteis)

2.2.3 Considerações ambientais:

- A poluição plástica coloca desafios ambientais significativos, uma vez que os resíduos plásticos poluem os oceanos, prejudicam a vida selvagem e entram na cadeia alimentar.
- As iniciativas de reciclagem e de economia circular visam minimizar os resíduos de plástico, promovendo a recolha, a triagem e a reciclagem de embalagens de plástico.
- As inovações no domínio dos plásticos biodegradáveis, dos materiais compostáveis e dos plásticos reciclados oferecem soluções promissoras para reduzir a pegada ambiental das embalagens de plástico.

2.3 Metais:

Os metais há muito que são favorecidos pela sua resistência, durabilidade e propriedades de barreira, tornando-os ideais para aplicações de embalagem que requerem proteção contra a humidade, a luz e o oxigénio. Os materiais de embalagem de metal comuns incluem o alumínio, o aço e a folha de Flandres, que são utilizados para latas, recipientes e fechos nas indústrias alimentar, de bebidas e farmacêutica.

2.3.1 Propriedades principais:

- Excelentes propriedades de barreira
- Elevada relação resistência/peso
- Reciclável e infinitamente reciclável
- Resistente à corrosão e à manipulação

2.3.2 Aplicações:

- Latas para alimentos e bebidas

- Recipientes de aerossóis
- Embalagens farmacêuticas (por exemplo, blisters, tubos)
- Produtos cosméticos e de higiene pessoal (por exemplo, garrafas de alumínio)

2.3.3 Considerações ambientais:

- Os metais são altamente recicláveis, sendo que o alumínio e o aço estão entre os materiais mais reciclados em todo o mundo.
- A reciclagem de metais poupa energia, reduz as emissões de gases com efeito de estufa e conserva os recursos naturais.
- As inovações em termos de leveza, otimização do design e reciclabilidade estão a impulsionar melhorias de sustentabilidade nas embalagens metálicas.

2.4 Vidro:

As embalagens de vidro são valorizadas pela sua pureza, transparência e inércia, tornando-as ideais para preservar o sabor, o aroma e a integridade de alimentos e bebidas. Fabricados a partir de areia de sílica, carbonato de sódio e calcário, os recipientes de vidro são amplamente utilizados para embalar bebidas, condimentos, cosméticos e produtos farmacêuticos.

2.4.1 Propriedades principais:

- Impermeável e não reativo
- Transparente e inerte
- Reciclável e infinitamente reciclável
- Oferece excelentes propriedades de barreira (por exemplo, oxigénio, humidade)

2.4.2 Aplicações:

- Garrafas de bebidas (por exemplo, vinho, cerveja, bebidas espirituosas)
- Frascos e recipientes para alimentos (por exemplo, molhos, pickles)
- Frascos e ampolas para produtos farmacêuticos
- Frascos de perfume e frascos de cosméticos

2.4.3 Considerações ambientais:

- O vidro é 100% reciclável e pode ser reciclado infinitamente sem perda de qualidade ou pureza.
- A reciclagem do vidro reduz o consumo de energia, conserva os recursos naturais e minimiza os resíduos depositados em aterros.
- Os desafios na reciclagem do vidro incluem questões de recolha, triagem e contaminação, mas os avanços nas tecnologias de reciclagem estão a melhorar a eficiência e a sustentabilidade.

2.5 Madeira:

Os materiais de embalagem de madeira abrangem uma vasta gama de produtos, incluindo grades, paletes e caixas de madeira, valorizadas pela sua resistência, durabilidade e estética natural. Embora menos comum nas embalagens de consumo em comparação com outros materiais, a madeira é amplamente utilizada em aplicações industriais e de expedição que requerem soluções de embalagem robustas e sustentáveis.

2.5.1 Propriedades principais:

- Resistente e duradouro
- Renovável e biodegradável
- Proporciona amortecimento e proteção
- Personalizável e versátil

2.5.2 Aplicações:

- Caixas e paletes de transporte
- Embalagens industriais (por exemplo, tambores, bobinas)
- Embalagens especiais (por exemplo, caixas de vinho, caixas de oferta)

2.5.3 Considerações ambientais:

- A madeira é um recurso renovável proveniente de florestas geridas de forma sustentável ou de materiais reciclados.
- As embalagens de madeira podem ser reutilizadas, recicladas ou reaproveitadas, reduzindo os resíduos e prolongando o seu ciclo de vida.

- Os sistemas de certificação, como o FSC (Forest Stewardship Council), promovem a gestão florestal responsável e o abastecimento sustentável de materiais de embalagem de madeira.

2.6 Compósitos:

Os materiais de embalagem compostos combinam dois ou mais materiais para potenciar as suas propriedades sinérgicas, oferecendo maior resistência, propriedades de barreira e opções de personalização. Os materiais compósitos comuns incluem laminados, folhas e películas multicamadas, que são utilizados em aplicações de embalagem flexível que requerem propriedades de barreira de elevado desempenho e capacidade de impressão.

2.6.1 Propriedades principais:

- Combina as propriedades de vários materiais
- Oferece propriedades de barreira melhoradas (por exemplo, oxigénio, humidade)
- Leve e flexível
- Imprimível e personalizável

2.6.2 Aplicações:

- Embalagens flexíveis (por exemplo, bolsas, saquetas)
- Películas de barreira para produtos alimentares e farmacêuticos
- Tubos laminados para cosméticos e produtos de higiene pessoal
- Aplicações de embalagens especiais (por exemplo, dispositivos médicos, eletrónica)

2.6.3 Considerações ambientais:

- Os materiais compósitos apresentam desafios na reciclagem devido à complexidade da separação e do processamento de várias camadas.
- As inovações em laminados monomateriais e compósitos recicláveis têm como objetivo melhorar a reciclabilidade e reduzir o impacto ambiental.
- As avaliações do ciclo de vida (LCA) ajudam a avaliar a pegada ambiental dos materiais de embalagem compósitos e a identificar oportunidades de melhoria.

Capítulo 3:

Design de embalagens

O design de embalagens é um campo multidisciplinar que combina arte, ciência e funcionalidade para criar soluções de embalagens visualmente apelativas, funcionais e sustentáveis. Desde considerações estruturais a elementos gráficos e impacto ambiental, o design eficaz de embalagens requer um conhecimento profundo do comportamento do consumidor, da identidade da marca e dos processos de fabrico. Este guia abrangente explora os princípios, as técnicas e as considerações envolvidas no design de embalagens, abrangendo o design estrutural, o design gráfico e a sustentabilidade ambiental.

3.1 Princípios do design de embalagens:

A conceção eficaz de uma embalagem é orientada por vários princípios-chave destinados a maximizar a funcionalidade, a atração estética e a comunicação da marca. Estes princípios servem de base para a criação de soluções de embalagem que se repercutem nos consumidores e impulsionam as vendas.

1. **Funcionalidade:** A principal função da embalagem é proteger e preservar o produto, facilitando a sua utilização e transporte. A conceção da embalagem deve dar prioridade à funcionalidade, garantindo a facilidade de abertura, a possibilidade de voltar a fechar e o manuseamento ergonómico.

2. **Identidade da marca:** A embalagem serve como uma representação tangível da marca, transmitindo os seus valores, personalidade e posicionamento. A consistência nos elementos da marca, como logótipos, cores e tipografia, ajuda a reforçar a identidade da marca e a aumentar o seu reconhecimento.

3. **Apelo ao consumidor:** O design de uma embalagem deve ter impacto no público-alvo, captando a atenção e gerando interesse através de gráficos visualmente atraentes, estruturas inovadoras e acabamentos tácteis. Compreender as preferências dos consumidores e as tendências do mercado é essencial para criar uma embalagem que tenha impacto nos consumidores.

4. **Sustentabilidade:** Com as crescentes preocupações sobre o impacto ambiental, a conceção de embalagens sustentáveis tornou-se uma consideração fundamental tanto para as marcas como para os consumidores. A conceção de embalagens com uma pegada ambiental mínima, a utilização de materiais recicláveis e a otimização da eficiência das embalagens são essenciais para reduzir os resíduos e conservar os recursos.

5. **Diferenciação:** Num mercado concorrido, o design da embalagem desempenha um papel crucial na diferenciação dos produtos da concorrência e na atração da atenção dos consumidores. Formas únicas, gráficos distintos e características de embalagem inovadoras podem ajudar os produtos a destacarem-se nas prateleiras e a transmitirem uma sensação de valor e qualidade.

3.2 Conceção estrutural:

A conceção estrutural é a base da conceção da embalagem, abrangendo a forma, a função e as características físicas do recipiente ou do invólucro da embalagem. Desde caixas simples a caixas dobráveis complexas e contentores rígidos, as considerações de conceção estrutural influenciam o desempenho da embalagem, a viabilidade de fabrico e a experiência do consumidor.

3.2.1 Elementos-chave do projeto estrutural:

1. **Forma e formato:** A forma do recipiente de embalagem deve ser adaptada ao tamanho, forma e funcionalidade do produto, optimizando a utilização do espaço e a presença nas prateleiras. Considerações como empilhamento, encaixe e requisitos de transporte devem informar a escolha da forma da embalagem.

2. **Seleção do material:** A escolha do material de embalagem influencia as considerações de design estrutural, como a resistência, a durabilidade e a sustentabilidade. Diferentes materiais oferecem diferentes níveis de rigidez, flexibilidade e propriedades de barreira, que devem ser avaliados com base nos requisitos do produto e em considerações ambientais.

3. **Fecho e selagem:** Os fechos das embalagens desempenham um papel crucial na manutenção da frescura, integridade e resistência à violação dos produtos. As considerações de design estrutural para os fechos incluem a facilidade de

abertura, a possibilidade de voltar a selar e a compatibilidade com processos automatizados de enchimento e selagem.

4. **Ergonomia e experiência do utilizador:** A conceção da embalagem deve dar prioridade à comodidade do utilizador e à facilidade de utilização, tendo em conta factores como a aderência, a capacidade de escoamento e os mecanismos de distribuição. As considerações ergonómicas aumentam a satisfação do utilizador e minimizam o derrame ou o desperdício de produto.

5. **Sustentabilidade:** A conceção de embalagens sustentáveis integra considerações ambientais nas decisões de conceção estrutural, com o objetivo de minimizar a utilização de materiais, otimizar a eficiência da embalagem e facilitar a reciclagem ou a compostagem no fim da vida útil.

3.3 Design gráfico:

O design gráfico desempenha um papel vital no design de embalagens, servindo como uma ferramenta de comunicação visual para transmitir a identidade da marca, a informação do produto e o apelo emocional aos consumidores. Desde logótipos e tipografia a imagens e esquemas de cores, os elementos gráficos contribuem para a estética e eficácia globais do design de embalagens.

3.3.1 Elementos-chave do design gráfico:

1. **Elementos da marca:** Os elementos da marca, como logótipos, slogans e cores da marca, devem ser apresentados de forma proeminente na embalagem para reforçar a identidade da marca e aumentar o seu reconhecimento. A consistência dos elementos da marca em diferentes formatos de embalagem e linhas de produtos ajuda a construir o valor da marca e a confiança do consumidor.

2. **Informação sobre o produto:** O design da embalagem deve comunicar informações essenciais sobre o produto, como o nome, a descrição, as instruções de utilização e os factos nutricionais, de forma clara e concisa. A tipografia legível, a hierarquia e a colocação da informação são fundamentais para garantir a legibilidade e a compreensão.

3. **Imagens visuais:** As imagens visuais, como fotografias de produtos, ilustrações e gráficos, podem melhorar o atrativo visual da embalagem e evocar emoções ou associações relacionadas com o produto. As imagens de alta qualidade que

representam corretamente o produto e se alinham com a estética da marca aumentam o envolvimento do consumidor e a intenção de compra.

4. **Psicologia da cor:** A cor desempenha um papel significativo na influência das percepções, emoções e decisões de compra dos consumidores. A utilização estratégica da psicologia da cor pode evocar sentimentos ou associações específicas relacionadas com a categoria do produto, atributos da marca ou tendências sazonais.

5. **Hierarquia da embalagem:** O design gráfico deve estabelecer uma hierarquia visual clara para orientar a atenção dos consumidores e facilitar a tomada de decisões no ponto de venda. Os elementos que chamam a atenção, como os nomes dos produtos, as promoções e as mensagens de apelo à ação, devem ser realçados, enquanto as informações não essenciais devem ser minimizadas.

3.4 Considerações ambientais na conceção:

A sustentabilidade ambiental é uma consideração crítica na conceção de embalagens, impulsionada pela crescente consciencialização dos consumidores, pressões regulamentares e iniciativas de responsabilidade empresarial. A conceção de embalagens sustentáveis tem como objetivo minimizar o impacto ambiental ao longo do ciclo de vida do produto, desde o fornecimento e produção de materiais até à eliminação ou reciclagem em fim de vida.

3.4.1 Considerações fundamentais para a sustentabilidade ambiental:

1. **Seleção de materiais:** A conceção de embalagens sustentáveis começa com a seleção de materiais ecológicos com uma pegada ambiental mínima. Os materiais renováveis, biodegradáveis e recicláveis, como o papelão, o cartão e os plásticos de base biológica, oferecem alternativas sustentáveis aos materiais de embalagem convencionais.

2. **Eficiência dos materiais:** A otimização da utilização de materiais e a minimização dos resíduos de embalagens são essenciais para reduzir o impacto ambiental. Conceber embalagens com as dimensões correctas, materiais leves e um excesso mínimo de embalagens ajuda a conservar recursos e a reduzir as emissões de carbono associadas à produção e ao transporte.

3. **Reciclabilidade e conteúdo reciclado:** A conceção de embalagens recicláveis e a incorporação de conteúdo reciclado nos materiais de embalagem promovem uma economia circular e reduzem a dependência de recursos virgens. A rotulagem e as mensagens claras nas embalagens incentivam os consumidores a reciclar de forma responsável e apoiam os sistemas de reciclagem em circuito fechado.

4. **Biodegradabilidade e Compostabilidade:** Os materiais de embalagem biodegradáveis e compostáveis oferecem alternativas ecológicas aos plásticos convencionais, reduzindo a poluição e os resíduos em ambientes de aterro. A conceção de embalagens para biodegradabilidade e compostagem requer uma seleção cuidadosa dos materiais e a adesão a normas de compostagem.

5. **Avaliação do ciclo de vida (LCA):** A avaliação do ciclo de vida (ACV) é uma ferramenta valiosa para avaliar os impactos ambientais das embalagens ao longo do seu ciclo de vida, desde a extração da matéria-prima até à eliminação em fim de vida. A realização de ACVs ajuda a identificar oportunidades de melhoria e a informar a tomada de decisões na conceção de embalagens e na seleção de materiais.

Capítulo 4:

Processos de embalagem

Os processos de embalagem englobam uma série de actividades e operações envolvidas na conceção, produção e montagem de soluções de embalagem para vários produtos. Desde a embalagem primária, que envolve diretamente o produto, até à embalagem terciária, que facilita o transporte e a distribuição, cada fase desempenha um papel fundamental para garantir a integridade do produto, a eficiência e a satisfação do consumidor. Este guia abrangente explora os meandros dos processos de embalagem, abrangendo a embalagem primária, secundária e terciária, bem como os avanços nas tecnologias de automatização.

4.1 Embalagem primária:

A embalagem primária refere-se à camada de embalagem que entra em contacto direto com o produto, proporcionando proteção, contenção e apresentação no ponto de venda. É a primeira camada de embalagem com que os consumidores interagem e a sua conceção influencia a frescura, a segurança e a atração do produto.

4.1.1 Aspectos fundamentais da embalagem primária:

1. **Proteção:** A principal função da embalagem primária é proteger o produto de factores externos como a humidade, a luz, o oxigénio e os danos físicos. Os materiais de embalagem devem ser seleccionados com base nas características do produto e na sua sensibilidade às condições ambientais.
2. **Contenção:** A embalagem primária encerra o produto de forma segura, evitando derrames, fugas ou contaminação durante o manuseamento, armazenamento e transporte. A conceção da embalagem deve ter em conta factores como o tamanho, a forma e o formato do produto, de modo a garantir um encaixe perfeito e uma contenção óptima.

3. **Apresentação:** A embalagem primária funciona como uma ferramenta de marketing, transmitindo a identidade da marca, a informação sobre o produto e o atrativo visual aos consumidores. Os elementos de design da embalagem, como os gráficos, as cores e a marca, desempenham um papel crucial para atrair a atenção e influenciar as decisões de compra.

4. **Conveniência:** A embalagem primária deve ser de fácil utilização e conveniente para o utilizador, permitindo um acesso fácil ao produto e uma distribuição ou consumo sem complicações. Características como fechos que podem ser fechados novamente, controlo de porções e designs ergonómicos melhoram a experiência e a satisfação do utilizador.

4.1.2 Exemplos de embalagens primárias:

- Garrafas e recipientes para bebidas, cosméticos e produtos de higiene pessoal
- Bolsas e saquetas para alimentos, snacks e condimentos
- Frascos e tubos para produtos farmacêuticos, cremes e pomadas
- Embalagens blister e tabuleiros para dispositivos médicos e eletrónica de consumo

4.2 Embalagem secundária:

A embalagem secundária refere-se à camada de embalagem que envolve e protege a embalagem primária, fornecendo suporte, marca e funcionalidade adicionais. Serve como meio de agrupar, manusear e apresentar várias unidades do produto para fins de distribuição e venda a retalho.

4.2.1 Aspectos fundamentais da embalagem secundária:

1. **Proteção:** A embalagem secundária reforça a proteção fornecida pela embalagem primária, salvaguardando os produtos durante o transporte, manuseamento e armazenamento. Actua como um amortecedor contra choques externos, vibrações e pressões de empilhamento encontradas na cadeia de abastecimento.

2. **Marca e comunicação:** A embalagem secundária oferece uma tela adicional para mensagens de marca, gráficos promocionais e informações sobre o produto.

Aumenta a visibilidade da marca na prateleira e comunica propostas de valor aos consumidores através de um design e de mensagens atraentes.

3. **Unitização:** A embalagem secundária facilita a unitização e o manuseamento de várias unidades do produto, simplificando a logística e a eficiência do transporte. Permite a fácil identificação, contagem e rastreio das unidades embaladas ao longo da cadeia de abastecimento.

4. **Embalagem pronta para prateleira:** As soluções de embalagem secundária, tais como expositores, tabuleiros e caixas prontos para prateleiras, foram concebidas para otimizar o espaço nas prateleiras, melhorar a visibilidade do produto e simplificar o reabastecimento em ambientes de retalho. Permitem aos retalhistas armazenar e comercializar produtos de forma eficiente, reduzindo os custos de mão de obra e o desperdício.

4.2.2 Exemplos de embalagens secundárias:

- Caixas de cartão e cartões para expedição e exposição a retalho
- Película retrátil e película extensível para empacotamento e paletização
- Tabuleiros de exposição e embalagens prontas para prateleiras para merchandising no ponto de venda
- Tabuleiros e caixas de cartão canelado para manuseamento e transporte a granel

4.3 Embalagem terciária:

A embalagem terciária refere-se à camada de embalagem mais exterior utilizada para unificar, manusear e transportar várias unidades de produtos em quantidades a granel. Destina-se a proteger os produtos durante o transporte, o armazenamento e a distribuição a longa distância, desde o fabricante até ao retalhista ou ao utilizador final.

4.3.1 Aspectos fundamentais do acondicionamento terciário:

1. **Proteção:** A embalagem terciária proporciona uma camada adicional de proteção contra factores externos, como o clima, o pó, a humidade e o roubo durante o transporte e a armazenagem. Minimiza o risco de danos ou perdas do produto associados às operações de manuseamento, carga e descarga.

2. **Unitização e consolidação:** A embalagem terciária consolida várias unidades de produtos em cargas maiores e mais fáceis de gerir para transporte, optimizando a utilização do espaço e minimizando os custos de envio. Facilita o manuseamento, empilhamento e armazenamento eficientes em armazéns, centros de distribuição e veículos de transporte.

3. **Identificação e rastreio:** A embalagem terciária facilita a identificação, o seguimento e a rastreabilidade do produto ao longo da cadeia de abastecimento através de etiquetagem, códigos de barras e etiquetagem RFID. Permite aos operadores logísticos monitorizar o movimento de mercadorias e assegurar a entrega atempada no destino pretendido.

4. **Manuseamento e automatização:** As embalagens terciárias são concebidas para suportar os rigores dos sistemas automatizados de manuseamento e transporte, tais como correias transportadoras, paletizadores e empilhadores. Devem ser robustas, estáveis e compatíveis com o equipamento de manuseamento de materiais para garantir operações suaves e eficientes.

4.3.2 Exemplos de embalagens terciárias:

- Paletes e contentores de paletes para unitização e transporte de quantidades de produtos a granel
- Cargas de paletes embrulhadas em plástico para estabilidade e segurança durante o transporte
- Contentores e caixas para transporte de longa distância por camião, comboio ou transporte marítimo
- Cintas, cintas e materiais de estiva para fixação e estabilização de cargas em paletes

4.4 Automação na embalagem:

As tecnologias de automatização revolucionaram os processos de embalagem, permitindo uma maior eficiência, precisão e escalabilidade na conceção, produção e montagem de soluções de embalagem. Desde sistemas robóticos de recolha e colocação a máquinas de enchimento e selagem de alta velocidade, as soluções de automação optimizam as operações de embalagem em várias indústrias.

4.4.1 Tecnologias-chave na automatização:

1. **Sistemas robóticos de embalagem:** Os braços robóticos equipados com sensores, pinças e sistemas de visão automatizam tarefas como a recolha, a seleção, a embalagem e a paletização de produtos. Oferecem flexibilidade, velocidade e precisão no manuseamento de diversos tipos de produtos e formatos de embalagem.

2. **Máquinas de enchimento e selagem:** As máquinas de enchimento e selagem automatizadas dispensam, enchem e selam com precisão os produtos em recipientes de embalagem primária, tais como garrafas, bolsas e tubos. Asseguram a dosagem consistente do produto, a integridade do selo e os padrões de higiene nas embalagens de alimentos, bebidas e produtos farmacêuticos.

3. **Sistemas de embalagem de caixas e de cartonagem:** Os sistemas automatizados de embalagem de caixas e de cartonagem automatizam a montagem, o carregamento e a selagem de recipientes de embalagem secundária, tais como caixas de cartão e cartões. Simplificam as operações de embalagem de fim de linha, reduzindo os custos de mão de obra e melhorando o rendimento.

4. **Sistemas de etiquetagem e codificação:** Os sistemas automatizados de etiquetagem e codificação aplicam etiquetas de produtos, códigos de barras e datas de validade em contentores de embalagens com precisão e consistência. Garantem a conformidade com os requisitos regulamentares, a rastreabilidade e a identificação do produto ao longo da cadeia de fornecimento.

5. **Sistemas de transporte:** Os sistemas de transporte transportam produtos embalados entre diferentes fases do processo de embalagem, tais como enchimento, selagem, etiquetagem e paletização. Optimizam a eficiência do fluxo de trabalho, minimizam o manuseamento manual e facilitam a integração com outras tecnologias de automatização.

4.4.2 Benefícios da automatização na embalagem:

- **Aumento da produtividade:** A automatização simplifica os processos de embalagem, reduz os tempos de ciclo e aumenta o rendimento, permitindo maiores volumes de produção com menos recursos.

- **Controlo de qualidade melhorado:** Os sistemas de automatização asseguram a qualidade consistente do produto, a exatidão da dosagem e a integridade da embalagem, minimizando os erros e defeitos associados às operações manuais.
- **Redução de custos:** A automatização reduz os custos de mão de obra, o desperdício de material e o tempo de inatividade, resultando numa poupança global de custos para os fabricantes de embalagens e utilizadores finais.
- **Segurança reforçada:** A automatização elimina o manuseamento manual de cargas pesadas, as tarefas repetitivas e a exposição a materiais perigosos, melhorando a segurança no local de trabalho e reduzindo o risco de lesões.
- **Escalabilidade e flexibilidade:** As soluções de automatização podem ser facilmente aumentadas ou reconfiguradas para se adaptarem a requisitos de produção, variantes de produtos e formatos de embalagem em constante mudança.

4.4.3 Desafios e considerações em matéria de automatização:

- **Investimento inicial:** O investimento de capital inicial necessário para a implementação de tecnologias de automatização pode ser substancial, exigindo uma análise custo-benefício cuidadosa e um planeamento a longo prazo.
- **Complexidade da integração:** A integração de sistemas de automatização com linhas de embalagem, equipamento e plataformas de software existentes pode colocar desafios técnicos e exigir conhecimentos especializados.
- **Manutenção e suporte:** Os sistemas de embalagem automatizados requerem manutenção regular, calibração e actualizações de software para garantir um desempenho e fiabilidade ideais ao longo do tempo.
- **Formação da força de trabalho:** A transição para processos de embalagem automatizados pode exigir a formação e atualização da mão de obra para operar, monitorizar e manter eficazmente os sistemas de automatização.
- **Conformidade regulamentar:** As soluções de automatização devem cumprir os requisitos regulamentares e as normas da indústria em matéria de segurança, qualidade e higiene nas operações de embalagem.

Capítulo 5:

Máquinas de embalagem

A maquinaria de embalagem desempenha um papel crucial na produção eficiente e automatizada de produtos embalados em várias indústrias. Desde máquinas de enchimento e selagem a equipamento de etiquetagem e codificação, cada tipo de máquina de embalagem serve funções específicas no processo de embalagem, optimizando a produtividade, a precisão e a fiabilidade. Este guia completo investiga os meandros da maquinaria de embalagem, abrangendo os princípios, o funcionamento, as aplicações e os avanços nas máquinas de enchimento e selagem, nas máquinas de embalagem, nas máquinas de etiquetagem e nas máquinas de codificação e marcação.

5.1 Máquinas de enchimento e selagem:

As máquinas de enchimento e selagem são utilizadas para dispensar, encher e selar produtos em recipientes, bolsas ou embalagens, assegurando uma dosagem exacta, a integridade da selagem e a segurança do produto. Estas máquinas são essenciais em indústrias como a alimentar e de bebidas, farmacêutica, cosmética e de cuidados pessoais, onde a dosagem precisa e a embalagem higiénica são fundamentais.

5.1.1 Principais componentes e princípios das máquinas de enchimento e selagem:

1. **Tremonhas e sistemas de alimentação:** As máquinas de enchimento estão equipadas com tremonhas ou sistemas de alimentação que retêm o produto a ser distribuído nos contentores. Estes sistemas podem utilizar a gravidade, sem-fins, pistões, bombas ou alimentadores vibratórios para medir e transferir o produto para o mecanismo de enchimento.

2. **Mecanismos de enchimento:** As máquinas de enchimento empregam vários mecanismos para dispensar e encher produtos em contentores, incluindo

enchimento volumétrico, enchimento gravimétrico, enchimento por pistão, enchimento peristáltico e enchimento por broca. Cada mecanismo oferece vantagens únicas em termos de precisão, velocidade e adequação a diferentes tipos de produtos.

3. **Sistemas de selagem:** As máquinas de selagem utilizam calor, pressão ou adesivo para selar recipientes cheios, bolsas ou embalagens, assegurando a frescura, integridade e resistência à violação do produto. Os métodos de selagem mais comuns incluem a selagem por calor, a selagem por indução, a selagem por ultra-sons e a selagem por adesivo, cada um adaptado a materiais de embalagem específicos e a requisitos do produto.

4. **Controlos e automação:** As modernas máquinas de enchimento e selagem estão equipadas com controlos avançados e funcionalidades de automatização, incluindo controladores lógicos programáveis (PLC), interfaces homem-máquina (HMI) e sensores. Estes sistemas permitem um controlo preciso dos parâmetros de enchimento, da temperatura de selagem, da pressão e dos tempos de ciclo, garantindo um desempenho consistente e fiável.

5.1.2 Aplicações das máquinas de enchimento e selagem:

- **Embalagem de alimentos e bebidas:** As máquinas de enchimento e selagem são utilizadas para embalar uma vasta gama de produtos alimentares e bebidas, incluindo líquidos, pós, grânulos e sólidos. Os exemplos incluem máquinas de engarrafamento de bebidas, máquinas de enchimento de bolsas para molhos e condimentos e máquinas de formar, encher e selar para snacks e produtos de confeitaria.

- **Embalagem farmacêutica:** As máquinas de enchimento e selagem são essenciais na embalagem farmacêutica para dosear e embalar comprimidos, cápsulas, pós e líquidos em frascos, embalagens blister, saquetas e frascos. Estas máquinas têm de cumprir requisitos regulamentares rigorosos em termos de exatidão, limpeza e conformidade com as Boas Práticas de Fabrico (BPF).

- **Embalagem de cosméticos e cuidados pessoais:** As máquinas de enchimento e selagem são utilizadas na indústria dos cosméticos e dos cuidados pessoais para embalar cremes, loções, géis e soros em frascos, tubos, garrafas e saquetas. Estas máquinas têm de garantir uma dosagem precisa, uma embalagem higiénica e um aspeto estético para satisfazer as expectativas dos consumidores.

- **Embalagem química e industrial:** As máquinas de enchimento e selagem são utilizadas nos sectores químico e industrial para embalar lubrificantes, adesivos, solventes e detergentes em tambores, latas, garrafas e baldes. Estas máquinas têm de resistir a ambientes agressivos e lidar com uma vasta gama de viscosidades e propriedades do produto.

5.1.3 Avanços nas máquinas de enchimento e selagem:

1. **Integração com as tecnologias da Indústria 4.0:** As máquinas de enchimento e selagem estão cada vez mais integradas com as tecnologias da Indústria 4.0, como a Internet das Coisas (IoT), a computação em nuvem e a inteligência artificial (IA). Isto permite a monitorização remota, a manutenção preditiva e a otimização em tempo real dos processos de produção para melhorar a eficiência e o tempo de atividade.

2. **Designs modulares e flexíveis:** Os fabricantes estão a desenvolver máquinas de enchimento e selagem modulares e flexíveis que podem acomodar vários formatos de embalagens, tamanhos e tipos de produtos com um tempo de mudança mínimo. Isto aumenta a flexibilidade da produção, reduz o tempo de inatividade e permite uma resposta rápida às exigências do mercado em constante mudança.

3. **Conceção Higiénica e Sistemas de Limpeza no Local (CIP):** As máquinas de enchimento e selagem concebidas para aplicações alimentares, farmacêuticas e de salas limpas incorporam princípios de conceção higiénica e sistemas de limpeza no local (CIP) para garantir a segurança dos produtos e a conformidade com as normas regulamentares. Estes sistemas facilitam a limpeza e higienização completa dos componentes da máquina para evitar a contaminação e a contaminação cruzada.

4. **Características de sustentabilidade:** Os fabricantes estão a incorporar características de sustentabilidade nas máquinas de enchimento e selagem para minimizar o consumo de energia, o desperdício de material e o impacto ambiental. Isto inclui servo drives energeticamente eficientes, componentes

leves e materiais recicláveis, bem como algoritmos de otimização para uma produção eficiente em termos de recursos.

5.2 Máquinas de embalar:

As máquinas de embalar são utilizadas para envolver produtos ou embalagens em materiais flexíveis ou extensíveis, como película, folha de alumínio, papel ou película retrátil, proporcionando proteção, contenção e resistência à violação. Estas máquinas são amplamente utilizadas em indústrias como a alimentar e de bebidas, farmacêutica, logística e retalho para embalar produtos individuais, pacotes ou cargas de paletes.

5.2.1 Principais componentes e princípios das máquinas de embalar:

1. **Sistemas de distribuição de película:** As máquinas de embalar estão equipadas com sistemas de distribuição de película que desenrolam, esticam e alimentam os materiais de embalagem no produto ou na embalagem. Estes sistemas podem utilizar folhas pré-cortadas, rolos contínuos ou película extensível, consoante a aplicação e os requisitos de embalagem.

2. **Mecanismos de embalagem:** As máquinas de embalar empregam vários mecanismos para envolver os materiais de embalagem à volta do produto ou da embalagem, incluindo braços rotativos, mesas giratórias, embaladoras de anel e embaladoras orbitais. Estes mecanismos asseguram uma distribuição uniforme da película e uma embalagem segura com o mínimo de rugas ou rasgões.

3. **Selagem a quente e retração:** Algumas máquinas de embalar incorporam sistemas de selagem a quente ou de retração para selar e encolher o material de embalagem à volta do produto, criando um selo apertado e inviolável. As técnicas de selagem por calor incluem a selagem por impulso, a selagem por barra quente e a selagem contínua, enquanto os métodos de retração utilizam o calor para encolher a película à volta do produto.

4. **Controlos e automatização:** As máquinas de embalar estão equipadas com controlos e funcionalidades de automatização para regular os parâmetros de embalamento, como a tensão da película, a velocidade e a sobreposição. As máquinas de embalamento avançadas também podem incorporar sensores,

scanners e controladores lógicos programáveis (PLC) para um controlo e monitorização precisos dos processos de embalamento.

5.2.2 Aplicações das máquinas de embalar:

- **Embalagem de paletes:** As máquinas de embalamento são utilizadas para fixar e proteger cargas de produtos em paletes durante o transporte e o armazenamento. As máquinas de embalagem extensível aplicam película extensível à volta da carga da palete, estabilizando-a e evitando deslocações ou danos durante o manuseamento e o trânsito.

- **Embalagem de fluxo:** As máquinas de embalar são utilizadas na indústria alimentar para embalar produtos individuais, tais como barras de chocolate, biscoitos e produtos de padaria. As embaladoras de fluxo formam um invólucro contínuo à volta do produto, selando-o longitudinalmente e transversalmente para criar uma embalagem selada.

- **Embalagem retrátil:** As máquinas de embalar são utilizadas para embalar produtos individuais ou pacotes com película retrátil, criando uma embalagem apertada e transparente. A embalagem retrátil aumenta a visibilidade do produto, a resistência à violação e a atratividade nas prateleiras, tornando-a ideal para aplicações de embalagem a retalho.

- **Sobreembalagem:** As máquinas de sobreembalagem são utilizadas para embrulhar produtos ou embalagens com papel ou película decorativa para fins de embrulho de presentes, embalagens promocionais ou apresentação de produtos. As máquinas de sobre-embalagem aplicam um invólucro decorativo à volta do produto, selando-o com adesivo ou calor.

5.2.3 Avanços nas máquinas de embalar:

1. **Designs de alta velocidade e alta eficiência:** Os fabricantes estão a desenvolver máquinas de embalar com maior rendimento, eficiência e fiabilidade para satisfazer as exigências dos ambientes de produção de elevado volume. Estas máquinas possuem mecanismos de embalamento de alta velocidade, controlos de precisão e sistemas de mudança automatizados para ciclos de produção rápidos.

2. **Multi-funcionalidade e versatilidade:** As máquinas de embalar estão a tornar-se mais versáteis e adaptáveis a uma vasta gama de aplicações de embalagem, tipos de produtos e materiais de embalagem. As características multifuncionais, como a tensão ajustável da película, a capacidade de estiramento da película e os modos de embalamento, permitem aos fabricantes embalar diversos produtos com uma única máquina.

3. **Controlos inteligentes e conetividade:** As máquinas de embalar estão equipadas com controlos inteligentes e funcionalidades de conetividade que permitem a monitorização remota, a manutenção preditiva e a análise de dados. Estas características optimizam o desempenho da máquina, reduzem o tempo de inatividade e fornecem informações valiosas sobre a eficiência e a qualidade da produção.

4. **Soluções de embalagem sustentáveis:** Os fabricantes estão a incorporar características de sustentabilidade nas máquinas de embalamento para apoiar práticas de embalamento amigas do ambiente. Isto inclui sistemas de aquecimento energeticamente eficientes, materiais de película recicláveis e algoritmos de otimização para utilização de materiais e redução de resíduos.

5.3 Máquinas de etiquetagem:

As máquinas de etiquetagem são utilizadas para aplicar rótulos, etiquetas ou autocolantes em produtos ou recipientes de embalagem, proporcionando a identificação do produto, a marca e a conformidade regulamentar. Estas máquinas são essenciais em indústrias como a alimentar e de bebidas, farmacêutica, cosmética e logística para etiquetar produtos individuais, garrafas, frascos e embalagens.

5.3.1 Principais componentes e princípios das máquinas de etiquetagem:

1. **Sistemas de distribuição de etiquetas:** As máquinas de etiquetagem estão equipadas com sistemas de distribuição de etiquetas que desenrolam, descascam e aplicam etiquetas em produtos ou recipientes de embalagem. Estes sistemas podem utilizar etiquetas sensíveis à pressão, etiquetas adesivas ou etiquetas sensíveis ao calor, consoante a aplicação e os requisitos de etiquetagem.

2. **Mecanismos de etiquetagem:** As máquinas de etiquetagem empregam vários mecanismos para aplicar etiquetas em produtos ou recipientes de embalagem, incluindo etiquetagem sensível à pressão, etiquetagem por fusão a quente, etiquetagem envolvente e etiquetagem em manga. Estes mecanismos asseguram uma colocação, alinhamento e adesão precisos das etiquetas para uma identificação óptima da marca e do produto.

3. **Integração de impressão e codificação:** Algumas máquinas de etiquetagem integram sistemas de impressão e codificação para imprimir dados variáveis, tais como números de lote, datas de validade, códigos de barras e códigos QR diretamente nas etiquetas antes da aplicação. Isto assegura a rastreabilidade, a conformidade regulamentar e a autenticação do produto ao longo da cadeia de abastecimento.

4. **Controlos e automatização:** As máquinas de etiquetagem estão equipadas com controlos e funcionalidades de automatização para regular os parâmetros de etiquetagem, tais como a velocidade da etiqueta, a precisão da colocação e a orientação da etiqueta. As máquinas de etiquetagem avançadas podem incorporar sensores, sistemas de visão e controladores lógicos programáveis (PLCs) para um controlo e monitorização precisos dos processos de etiquetagem.

5.3.2 Aplicações das máquinas de etiquetagem:

- **Etiquetagem de produtos:** As máquinas de etiquetagem são utilizadas para aplicar rótulos de produtos em artigos individuais, tais como garrafas, frascos, caixas e embalagens. Os rótulos dos produtos transmitem aos consumidores informações essenciais, como o nome do produto, o logótipo da marca, os ingredientes, os factos nutricionais e as instruções de utilização.

- **Etiquetagem de contentores:** As máquinas de etiquetagem são utilizadas na indústria das bebidas para etiquetar garrafas, latas e contentores com rótulos de marca, códigos de barras e informações regulamentares. Os rótulos dos recipientes aumentam a visibilidade da marca, a diferenciação do produto e o envolvimento do consumidor nas prateleiras do retalho.

- **Etiquetagem de embalagens:** As máquinas de etiquetagem são utilizadas nas indústrias farmacêutica e cosmética para etiquetar embalagens blister, saquetas, tubos e caixas de cartão com informações sobre o produto, instruções de dosagem e avisos de segurança. Os rótulos das embalagens garantem a conformidade com os requisitos regulamentares e facilitam a identificação do produto nas farmácias e nos pontos de venda a retalho.

- **Etiquetagem de paletes:** As máquinas de etiquetagem são utilizadas em operações de logística e de armazém para etiquetar cargas paletizadas com etiquetas de expedição, códigos de barras e informações de rastreio. As etiquetas de paletes permitem a classificação automática, o rastreio e a gestão de inventário ao longo da cadeia de abastecimento.

5.3.3 Avanços nas máquinas de etiquetagem:

1. **Etiquetagem de alta velocidade e precisão:** Os fabricantes estão a desenvolver máquinas de etiquetagem com maior rendimento, precisão e fiabilidade para satisfazer as exigências dos ambientes de produção de grande volume. Estas máquinas incluem cabeças de etiquetagem de alta velocidade, mecanismos servo-accionados e sistemas de visão para uma colocação e alinhamento precisos das etiquetas.

2. **Designs multiformato e de mudança rápida:** As máquinas de etiquetagem estão a tornar-se mais versáteis e adaptáveis a uma vasta gama de tamanhos de produtos, formas e formatos de embalagem. As características de mudança rápida, como os ajustes sem ferramentas, os componentes modulares e as configurações baseadas em receitas, permitem uma reconfiguração rápida para diferentes aplicações de etiquetagem.

3. **Integração com sistemas de impressão e codificação:** As máquinas de etiquetagem estão a integrar-se perfeitamente com os sistemas de impressão e codificação para fornecer impressão a pedido de dados variáveis diretamente nas etiquetas. Esta integração aumenta a rastreabilidade, a personalização e a conformidade com os requisitos regulamentares para a etiquetagem de produtos.

4. **Soluções de etiquetagem inteligente:** Os fabricantes estão a desenvolver soluções de etiquetagem inteligente com funcionalidades de conetividade que permitem a monitorização remota, a análise de dados e a manutenção preditiva. Estas soluções fornecem informações em tempo real sobre o desempenho, a

eficiência e a qualidade da etiquetagem, optimizando os processos de produção e minimizando o tempo de inatividade.

5.4 Máquinas de codificação e marcação:

As máquinas de codificação e marcação são utilizadas para imprimir ou marcar dados variáveis, tais como números de lote, datas de validade, códigos de barras e códigos QR em produtos, recipientes de embalagem ou etiquetas. Estas máquinas desempenham um papel fundamental na rastreabilidade dos produtos, na conformidade regulamentar e na visibilidade da cadeia de fornecimento em vários sectores.

5.4.1 Principais tecnologias e princípios das máquinas de codificação e marcação:

1. **Tecnologias de impressão:** As máquinas de codificação e marcação utilizam várias tecnologias de impressão para aplicar dados variáveis em produtos ou recipientes de embalagem, incluindo impressão a jato de tinta, marcação a laser, impressão por transferência térmica e impressão térmica a jato de tinta. Cada tecnologia de impressão oferece vantagens únicas em termos de velocidade, resolução e compatibilidade com diferentes substratos.
2. **Compatibilidade de substratos:** As máquinas de codificação e marcação são concebidas para imprimir ou marcar numa vasta gama de substratos, incluindo papel, cartão, plásticos, metais, vidro e materiais de embalagem flexíveis. Podem ser necessárias tintas especializadas, revestimentos e definições de laser para garantir uma adesão, contraste e durabilidade óptimos em diferentes superfícies.
3. **Integração de dados variáveis:** As máquinas de codificação e marcação integram-se perfeitamente com os sistemas de produção, bases de dados e software ERP para receber e processar dados variáveis para impressão ou marcação. Estes dados podem incluir números de lote, datas de validade, códigos de lote, números de série, códigos de barras e códigos QR gerados com base em especificações de produtos e requisitos regulamentares.
4. **Controlos e automatização:** As máquinas de codificação e marcação estão equipadas com controlos e funcionalidades de automatização para regular os parâmetros de impressão, como a velocidade de impressão, a resolução e a

precisão da colocação. As máquinas avançadas de codificação e marcação podem incorporar sensores, sistemas de visão e controladores lógicos programáveis (PLCs) para um controlo e monitorização precisos dos processos de impressão.

5.4.2 Aplicações das máquinas de codificação e marcação:

- **Codificação de produtos:** As máquinas de codificação e marcação são utilizadas para imprimir dados variáveis diretamente em produtos como garrafas, latas, caixas de cartão e etiquetas. A codificação de produtos assegura a rastreabilidade, a autenticidade e a conformidade com os requisitos regulamentares ao longo do ciclo de vida do produto.
- **Codificação de embalagens:** As máquinas de codificação e marcação são utilizadas na indústria da embalagem para imprimir dados variáveis em recipientes de embalagem, películas e etiquetas. A codificação de embalagens fornece informações essenciais, tais como números de lote, datas de validade e códigos de barras para gestão de inventário, controlo de qualidade e visibilidade da cadeia de fornecimento.
- **Codificação de paletes:** As máquinas de codificação e marcação são utilizadas em operações de logística e de armazém para imprimir dados variáveis em cargas paletizadas, etiquetas de expedição e película extensível. A codificação de paletes permite o rastreio automatizado, a classificação e a gestão de inventário em centros de distribuição e armazéns.
- **Serialização e rastreio:** As máquinas de codificação e marcação desempenham um papel crucial nas iniciativas de serialização e rastreio destinadas a evitar a contrafação de produtos, garantindo a autenticidade do produto e aumentando a segurança do consumidor. Os códigos serializados permitem a visibilidade e autenticação de ponta a ponta dos produtos ao longo da cadeia de fornecimento.

5.4.3 Avanços nas máquinas de codificação e marcação:

1. **Impressão de alta velocidade e alta resolução:** Os fabricantes estão a desenvolver máquinas de codificação e marcação com maior velocidade de impressão, resolução e precisão para satisfazer as exigências dos ambientes de produção de grandes volumes. Estas máquinas incluem cabeças de impressão

avançadas, formulações de tinta e tecnologias laser para uma impressão nítida, clara e legível em vários substratos.

2. **Integração com as tecnologias da Indústria 4.0:** As máquinas de codificação e marcação estão cada vez mais integradas nas tecnologias da Indústria 4.0, como a Internet das Coisas (IoT), a computação em nuvem e a inteligência artificial (IA). Isto permite a captura de dados em tempo real, a análise e a manutenção preditiva para otimizar os processos de impressão e minimizar o tempo de inatividade.

3. **Monitorização remota e conetividade:** As máquinas de codificação e marcação estão equipadas com funcionalidades de conetividade que permitem a monitorização remota, o diagnóstico e a resolução de problemas. Os operadores podem monitorizar o desempenho da impressão, os níveis de consumíveis e o estado do equipamento a partir de qualquer lugar através de dispositivos móveis ou interfaces baseadas na Web, aumentando a produtividade e o tempo de atividade.

4. **Características de conformidade e regulamentares:** As máquinas de codificação e marcação incorporam características de conformidade e regulamentares para garantir o cumprimento das normas da indústria e dos requisitos regulamentares para a codificação e etiquetagem de produtos. Isto inclui ferramentas de validação, pistas de auditoria e capacidades de elaboração de relatórios para documentação e verificação da conformidade.

Capítulo 6:

Teste de embalagens e controlo de qualidade

Os testes de embalagens e o controlo de qualidade são processos essenciais na indústria de embalagens para garantir a segurança, a integridade e a funcionalidade dos produtos embalados. Desde a resistência mecânica à compatibilidade química e à segurança microbiológica, os testes exaustivos ajudam a identificar potenciais perigos, a reduzir os riscos e a manter a conformidade regulamentar. Este guia abrangente explora a importância dos testes de embalagens, os vários tipos de métodos de teste utilizados e as medidas de controlo de qualidade implementadas para manter a qualidade do produto e a satisfação do consumidor.

6.1 Importância dos testes:

Os ensaios de embalagens são um aspeto crítico do desenvolvimento e fabrico de produtos, servindo múltiplos objectivos para garantir a fiabilidade, segurança e desempenho dos materiais e sistemas de embalagem. A importância dos ensaios na indústria da embalagem pode ser resumida da seguinte forma:

1. **Segurança do produto:** Os testes de embalagens ajudam a verificar a segurança dos produtos embalados, avaliando factores como a migração química, a contaminação microbiológica e os perigos físicos. Ao identificar potenciais riscos e perigos no início do processo de desenvolvimento, os testes garantem que os materiais e sistemas de embalagem cumprem os requisitos regulamentares e as normas de segurança do consumidor.

2. **Garantia de qualidade:** Os testes de embalagens são essenciais para manter a qualidade e a consistência do produto ao longo do processo de fabrico. Ao avaliar factores como as propriedades dos materiais, a precisão dimensional e a integridade estrutural, os ensaios ajudam a evitar defeitos, minimizam as variações e garantem que as embalagens cumprem as normas de qualidade especificadas.

3. **Conformidade regulamentar:** Os testes de embalagens são necessários para cumprir vários requisitos regulamentares e normas industriais que regem a

segurança dos produtos, o impacto ambiental e a rotulagem. Agências reguladoras como a FDA (Food and Drug Administration), a EPA (Environmental Protection Agency) e a ASTM International estabelecem directrizes e regulamentos para materiais e sistemas de embalagem para proteger a saúde pública e o ambiente.

4. **Avaliação do desempenho:** Os testes de embalagem avaliam o desempenho dos materiais e sistemas de embalagem em diferentes condições, tais como temperaturas extremas, humidade, vibração e impacto. Ao simular cenários do mundo real e condições de utilização, os testes ajudam a identificar pontos fracos, a otimizar os designs e a melhorar o desempenho e a durabilidade dos produtos.

5. **Redução de custos:** Os testes de embalagem ajudam a identificar potenciais problemas e defeitos no início do processo de desenvolvimento, reduzindo o risco de recolha de produtos, reclamações de responsabilidade e retrabalho dispendioso. Ao investir em testes antecipados, os fabricantes podem evitar contratempos dispendiosos, garantir a fiabilidade do produto e manter a confiança e a fidelidade do cliente.

6.2 Tipos de ensaios:

Os ensaios de embalagem abrangem uma vasta gama de métodos e técnicas para avaliar as propriedades físicas, químicas e microbiológicas dos materiais e sistemas de embalagem. Os principais tipos de ensaios de embalagens incluem ensaios mecânicos, ensaios químicos e ensaios microbiológicos.

6.2.1 Ensaios mecânicos:

Os ensaios mecânicos avaliam as propriedades físicas e as características de desempenho dos materiais e sistemas de embalagem sob várias tensões mecânicas, como a compressão, a resistência à tração, a resistência à flexão e a resistência ao impacto. Os ensaios mecânicos mais comuns incluem:

1. **Resistência à compressão:** Os testes de compressão avaliam a capacidade dos materiais e estruturas de embalagem para suportar cargas verticais e pressões de empilhamento encontradas durante o armazenamento, transporte e

manuseamento. Ajuda a determinar a resistência à compressão, o comportamento de deformação e a estabilidade de empilhamento de contentores de embalagem, caixas de cartão canelado e cargas paletizadas.

2. **Resistência à tração:** Os testes de tração medem a resistência dos materiais de embalagem ao estiramento ou alongamento sob tensão. Avalia factores como a resistência à tração, o alongamento na rutura e o módulo de elasticidade, fornecendo informações sobre a integridade estrutural e o desempenho de materiais como películas, folhas e fitas.

3. **Resistência à flexão:** Os testes de flexão avaliam o comportamento de flexão dos materiais e estruturas de embalagem sob cargas aplicadas. Mede propriedades como a resistência à flexão, o módulo de elasticidade e o módulo de flexão, avaliando a capacidade de materiais como o cartão, os plásticos e os laminados para suportar forças de flexão sem falhas.

4. **Resistência ao impacto:** Os testes de impacto avaliam a resistência dos materiais de embalagem a cargas súbitas ou de impacto, tais como quedas, choques ou colisões. Mede parâmetros como a resistência ao impacto, a absorção de energia e o comportamento de deformação, fornecendo informações sobre a durabilidade e as capacidades de proteção dos materiais de embalagem contra abusos mecânicos.

6.2.2 Ensaios químicos:

Os ensaios químicos avaliam a composição química, a estabilidade e a compatibilidade dos materiais de embalagem com o produto embalado, bem como com factores externos, como as condições ambientais, os métodos de processamento e as condições de armazenamento. Os testes químicos mais comuns incluem:

1. **Testes de migração:** Os ensaios de migração avaliam a potencial transferência de substâncias dos materiais de embalagem para o produto embalado, particularmente em aplicações alimentares, farmacêuticas e cosméticas. Mede a migração de produtos químicos como plastificantes, antioxidantes e corantes de materiais de embalagem como plásticos, revestimentos e adesivos em condições simuladas.

2. **Testes de extraíveis:** Os testes de extraíveis examinam a libertação de substâncias dos materiais de embalagem para o ambiente circundante, como o ar, a água ou simuladores de alimentos. Identifica compostos orgânicos voláteis (COVs), solventes residuais e outras substâncias extraíveis que podem afetar a qualidade do produto, a segurança ou a conformidade regulamentar.

3. **Resistência química:** Os testes de resistência química avaliam a resistência dos materiais de embalagem à exposição a produtos químicos, solventes, ácidos ou bases específicos encontrados durante o processamento, transporte ou armazenamento. Avalia factores como a permeação química, a degradação e a lixiviação, fornecendo informações sobre a compatibilidade e estabilidade do material.

4. **Propriedades de barreira:** Os testes de barreira medem a capacidade dos materiais de embalagem para impedir a entrada ou saída de gases, humidade, luz e outros factores externos que possam afetar a qualidade do produto ou o prazo de validade. Avalia propriedades como a permeabilidade, a taxa de transmissão e a eficácia da barreira, ajudando a selecionar materiais adequados para produtos perecíveis ou sensíveis.

6.2.3 Testes microbiológicos:

Os testes microbiológicos avaliam a contaminação microbiana, o crescimento e a viabilidade dos materiais e sistemas de embalagem, particularmente em aplicações alimentares, farmacêuticas e de cuidados de saúde. Os testes microbiológicos comuns incluem:

1. **Testes de esterilidade:** Os testes de esterilidade avaliam a ausência de microrganismos viáveis em materiais de embalagem, tais como dispositivos médicos, produtos farmacêuticos e componentes de embalagens estéreis. Garante que os materiais de embalagem cumprem os rigorosos requisitos de esterilidade e não introduzem contaminantes microbianos que possam comprometer a segurança ou a eficácia do produto.

2. **Teste de carga biológica:** Os testes de carga biológica quantificam a carga ou população microbiana presente nos materiais e componentes de embalagem antes da esterilização ou utilização. Identifica potenciais fontes de contaminação

microbiana, avalia os procedimentos de limpeza e desinfeção e verifica a eficácia das medidas de controlo microbiano em ambientes de fabrico.

3. **Testes de resistência microbiana:** Os testes de provocação microbiana avaliam a resistência dos materiais e sistemas de embalagem à contaminação e crescimento microbiano em condições simuladas. Expõe os materiais de embalagem a microrganismos específicos, meios de crescimento e condições ambientais para avaliar as suas propriedades antimicrobianas, a eficácia da preservação e a estabilidade do prazo de validade.

4. **Monitorização ambiental:** A monitorização ambiental envolve a recolha regular de amostras e a realização de testes em instalações de fabrico, salas limpas e áreas de embalagem para avaliar os níveis de contaminação microbiana e a conformidade com as normas de limpeza. Ajuda a identificar potenciais fontes de contaminação, a implementar acções correctivas e a manter um ambiente de produção higiénico.

6.3 Medidas de controlo da qualidade:

As medidas de controlo de qualidade são implementadas ao longo do processo de embalagem para garantir que os materiais e sistemas de embalagem cumprem as normas de qualidade especificadas, os requisitos regulamentares e as expectativas dos clientes. As principais medidas de controlo da qualidade na embalagem incluem:

1. **Inspeção de entrada de material:** A inspeção de entrada de material envolve a avaliação de matérias-primas, componentes e materiais de embalagem após a receção dos fornecedores. Verifica as especificações dos materiais, os certificados de qualidade e a conformidade com as normas regulamentares antes de serem aceites no processo de produção.

2. **Inspeção durante o processo:** A inspeção durante o processo monitoriza e avalia as operações e os processos de embalagem em várias fases da produção para detetar desvios, defeitos ou não-conformidades. Assegura que os processos de fabrico estão a funcionar dentro de parâmetros definidos e que os produtos cumprem as normas e especificações de qualidade.

3. **Inspeção de produtos acabados:** A inspeção de produtos acabados envolve o exame e o teste de produtos embalados para verificar a conformidade com a

qualidade, segurança e requisitos regulamentares antes de serem lançados no mercado. Inclui inspeção visual, medições dimensionais, testes funcionais e avaliação de desempenho para garantir a integridade do produto e a satisfação do cliente.

4. **Controlo estatístico do processo (SPC):** O controlo estatístico do processo (SPC) é uma técnica de controlo da qualidade que utiliza métodos estatísticos para monitorizar e controlar os processos de produção, identificar tendências e detetar variações ou anomalias na qualidade do produto. Envolve a recolha, análise e interpretação de dados do processo para manter a estabilidade e consistência do processo ao longo do tempo.

5. **Gestão de não-conformidades:** A gestão de não-conformidades envolve a identificação, documentação e resolução de desvios, defeitos ou não-conformidades encontrados durante as operações de embalagem. Inclui a análise da causa principal, acções correctivas e medidas preventivas para resolver problemas de qualidade e evitar a recorrência no futuro.

6. **Rastreabilidade e documentação:** Os sistemas de rastreabilidade e documentação acompanham e registam o movimento, o manuseamento e a disposição dos materiais de embalagem e dos produtos ao longo da cadeia de fornecimento. Fornecem um registo completo das fontes de materiais, processos de produção, resultados de testes e canais de distribuição para fins de conformidade regulamentar, garantia de qualidade e recolha de produtos.

Capítulo 7:

Regulamentos e normas de embalagem

Os regulamentos e normas de embalagem desempenham um papel crucial na garantia da segurança, integridade e sustentabilidade dos produtos embalados em vários sectores. Regidos por agências reguladoras e organizações industriais, estes regulamentos e normas estabelecem requisitos, directrizes e melhores práticas para materiais de embalagem, design, rotulagem e eliminação. Este guia abrangente explora o panorama regulamentar da embalagem, incluindo as principais agências reguladoras, regulamentos de embalagem e normas que regem os materiais e processos de embalagem.

7.1 Agências reguladoras:

1. Food and Drug Administration (FDA):

o A Food and Drug Administration (FDA) é uma agência reguladora do Departamento de Saúde e Serviços Humanos dos Estados Unidos, responsável pela proteção da saúde pública através da regulamentação da segurança, eficácia e rotulagem de alimentos, medicamentos, dispositivos médicos, cosméticos e produtos do tabaco.

o No contexto da embalagem, a FDA regula os materiais de embalagem e as substâncias que entram em contacto com os alimentos, garantindo que são seguros para utilização e cumprem os regulamentos relativos ao contacto com os alimentos.

o A FDA estabelece regulamentos como o programa de notificação de Substâncias em Contacto com os Alimentos (FCS) e os requisitos de conformidade dos Materiais em Contacto com os Alimentos (FCM) para avaliar a segurança dos materiais de embalagem e das substâncias utilizadas em aplicações de contacto com os alimentos.

2. Autoridade Europeia para a Segurança dos Alimentos (EFSA):

o A Autoridade Europeia para a Segurança dos Alimentos (EFSA) é uma agência independente da União Europeia (UE) responsável pela prestação de aconselhamento científico e pela avaliação dos riscos em matéria de segurança alimentar.

o A EFSA avalia a segurança dos materiais e substâncias que entram em contacto com os alimentos no âmbito do Regulamento (CE) n.º 1935/2004, que estabelece requisitos gerais de segurança para os materiais e objectos destinados a entrar em contacto com os alimentos.

o A EFSA realiza avaliações de risco e emite pareceres sobre a segurança de substâncias específicas que entram em contacto com os alimentos, incluindo plásticos, revestimentos, adesivos e tintas de impressão utilizados em aplicações de embalagem.

3. Agência de Proteção do Ambiente (EPA):

o A Agência de Proteção Ambiental (EPA) é uma agência reguladora do governo dos Estados Unidos responsável pela proteção da saúde humana e do ambiente, regulando a qualidade do ar e da água, os resíduos perigosos e as substâncias tóxicas.

o No contexto das embalagens, a EPA regula a gestão e eliminação dos resíduos de embalagens através de programas como o Resource Conservation and Recovery Act (RCRA) e o Solid Waste Disposal Act (SWDA).

o A EPA promove práticas de embalagem sustentáveis, redução de resíduos e iniciativas de reciclagem para minimizar o impacto ambiental e conservar os recursos naturais.

4. Agência Europeia dos Produtos Químicos (ECHA):

o A Agência Europeia dos Produtos Químicos (ECHA) é uma agência da União Europeia responsável pela aplicação de regulamentos como o Regulamento de Registo, Avaliação, Autorização e Restrição de Produtos Químicos (REACH).

o A ECHA supervisiona o registo, a avaliação e a autorização dos produtos químicos utilizados nos materiais de embalagem para garantir que são seguros para a saúde humana e para o ambiente.

o Nos termos do REACH, os fabricantes e importadores de produtos químicos devem registar as substâncias que suscitam preocupação e cumprir as restrições relativas às substâncias perigosas nos materiais de embalagem.

5. Comissão de Segurança dos Produtos de Consumo (CPSC):

o A Consumer Product Safety Commission (CPSC) é uma agência reguladora independente do governo dos Estados Unidos, responsável pela proteção dos consumidores contra riscos não razoáveis de ferimentos ou morte associados a produtos de consumo.

o A CPSC estabelece normas e regulamentos de segurança para produtos de consumo, incluindo materiais de embalagem e produtos como brinquedos, artigos para o lar e produtos electrónicos.

o A CPSC aplica regulamentos como o Poison Prevention Packaging Act (PPPA) e o Federal Hazardous Substances Act (FHSA) para evitar a ingestão acidental ou a exposição a substâncias perigosas através da embalagem.

7.2 Regulamentos de embalagem:

1. Regulamentos relativos ao contacto com os alimentos:

o Os regulamentos relativos ao contacto com os alimentos regem a segurança dos materiais e substâncias utilizados na embalagem, transformação, armazenamento e serviço de produtos alimentares. Estes regulamentos têm como objetivo evitar a contaminação, migração e adulteração de alimentos por materiais e componentes de embalagem.

o Os principais regulamentos relativos ao contacto com alimentos incluem o programa de notificação de Substâncias em Contacto com Alimentos (FCS) da FDA, o Regulamento (CE) n.º 1935/2004 na União Europeia e regulamentos semelhantes noutras regiões, como a China (GB 9685) e o Japão (Lei de Saneamento Alimentar).

2. Regulamentos de segurança dos produtos:

o Os regulamentos de segurança dos produtos estabelecem requisitos e normas para a segurança e o desempenho dos produtos de consumo, incluindo materiais e produtos de embalagem. Estes regulamentos têm como objetivo proteger os consumidores de riscos como asfixia, sufocação e exposição a produtos químicos associados às embalagens.

o Exemplos de regulamentos de segurança de produtos incluem a Lei de Melhoria da Segurança dos Produtos de Consumo (CPSIA) nos Estados Unidos, que estabelece normas de segurança para produtos infantis, e a Diretiva de Segurança

Geral dos Produtos (DSGP) na União Europeia, que exige que os produtos sejam seguros para a utilização a que se destinam.

3. **Regulamentos ambientais:**

o   A regulamentação ambiental rege o impacto ambiental dos materiais de embalagem, dos processos de produção e das práticas de gestão de resíduos. Estes regulamentos têm como objetivo promover soluções de embalagem sustentáveis, reduzir a produção de resíduos e minimizar o esgotamento dos recursos e a poluição.

o   Os principais regulamentos ambientais incluem a Diretiva da União Europeia relativa a embalagens e resíduos de embalagens (PPWD), que estabelece objectivos para a reciclagem e recuperação de embalagens, e o quadro da Responsabilidade Alargada do Produtor (EPR), que responsabiliza os produtores pela gestão dos resíduos de embalagens em fim de vida.

4. **Regulamentos químicos:**

o   Os regulamentos sobre produtos químicos abordam a segurança, o manuseamento e a rotulagem dos produtos químicos utilizados nos materiais e processos de embalagem. Estes regulamentos têm como objetivo proteger a saúde humana e o ambiente da exposição a substâncias perigosas, tais como metais pesados, ftalatos e compostos orgânicos voláteis (COV).

o   Exemplos de regulamentos sobre produtos químicos incluem o regulamento de Registo, Avaliação, Autorização e Restrição de Produtos Químicos (REACH) da União Europeia, que rege o registo e o controlo de produtos químicos, e a Proposta 65 da Califórnia, que exige avisos para produtos que contenham produtos químicos conhecidos por causar cancro ou danos na reprodução.

7.3 Normas de embalagem:

1. **Organização Internacional de Normalização (ISO):**

o   A Organização Internacional de Normalização (ISO) desenvolve normas internacionais para produtos, serviços e processos para garantir a qualidade, segurança e eficiência. As normas ISO relacionadas com a embalagem abrangem uma vasta gama de tópicos, incluindo materiais, métodos de ensaio, rotulagem e gestão ambiental.

o Exemplos de normas ISO no domínio da embalagem incluem a ISO 11607 sobre embalagens para dispositivos médicos esterilizados terminalmente, a ISO 22000 sobre sistemas de gestão da segurança alimentar e a ISO 14001 sobre sistemas de gestão ambiental.

2. ASTM International:

o A ASTM International, anteriormente conhecida como American Society for Testing and Materials, desenvolve normas de consenso voluntário para materiais, produtos, sistemas e serviços. As normas ASTM para embalagens abordam métodos de ensaio, requisitos de desempenho e especificações de materiais para várias aplicações de embalagens.

o Exemplos de normas ASTM no domínio das embalagens incluem a ASTM D4169 sobre o ensaio de desempenho de contentores e sistemas de expedição, a ASTM D882 sobre as propriedades de tração de folhas de plástico finas e a ASTM D6400 sobre a compostabilidade dos materiais de embalagem.

3. Comité Europeu de Normalização (CEN):

o O Comité Europeu de Normalização (CEN) desenvolve normas europeias (EN) para produtos e serviços para promover a interoperabilidade, a segurança e a qualidade na União Europeia. As normas CEN para embalagens abrangem tópicos como materiais, design, reciclagem e sustentabilidade.

o Exemplos de normas CEN no domínio das embalagens incluem a EN 13432 sobre embalagens recuperáveis através de compostagem e biodegradação, a EN 15593 sobre gestão da higiene na produção de embalagens de alimentos e a EN 868 sobre materiais e sistemas de embalagem para dispositivos médicos.

4. British Standards Institution (BSI):

o O British Standards Institution (BSI) é o organismo nacional de normalização do Reino Unido responsável pelo desenvolvimento das normas britânicas (BS) e pela adoção de normas internacionais. As normas BSI no domínio da embalagem abordam temas como a conceção da embalagem, os ensaios de desempenho e a gestão da cadeia de abastecimento.

o Exemplos de normas do BSI no domínio das embalagens incluem a BS EN ISO 9001 sobre sistemas de gestão da qualidade, a BS EN ISO 14001 sobre sistemas de gestão ambiental e a BS 5609 sobre ensaios de imersão marítima de rótulos e embalagens.

Capítulo 8:

Embalagens sustentáveis

As embalagens sustentáveis surgiram como uma solução fundamental para enfrentar os desafios ambientais associados aos materiais e práticas de embalagem convencionais. Ao adotar materiais de embalagem sustentáveis, implementar estratégias de design para compatibilidade ambiental, realizar avaliações do ciclo de vida e promover a reciclagem e os princípios da economia circular, as empresas podem minimizar a sua pegada ambiental e contribuir para um futuro mais verde. Este guia abrangente analisa os principais aspectos das embalagens sustentáveis, incluindo materiais, princípios de conceção, avaliações do ciclo de vida e iniciativas de reciclagem.

8.1 Materiais de embalagem sustentáveis:

1. Papel e cartão:

o O papel e o cartão são materiais renováveis, biodegradáveis e recicláveis amplamente utilizados em soluções de embalagem sustentáveis.

o Provenientes de florestas geridas de forma responsável ou de fibras recicladas, as embalagens em papel têm um impacto ambiental reduzido e podem ser facilmente recicladas ou compostadas no final da sua vida útil.

o As inovações nas embalagens à base de papel incluem a redução de peso, revestimentos de barreira e fontes de fibra alternativas para melhorar o desempenho e reduzir o consumo de recursos.

2. Bioplásticos:

o Os bioplásticos são polímeros biodegradáveis ou compostáveis derivados de recursos renováveis, como amidos vegetais, celulose ou fermentação microbiana.

o Os bioplásticos oferecem uma alternativa sustentável aos plásticos tradicionais à base de petróleo, reduzindo a dependência dos combustíveis fósseis e mitigando a poluição dos plásticos.

o Os bioplásticos podem ser utilizados numa vasta gama de aplicações de embalagem, incluindo películas, sacos, garrafas e contentores, oferecendo características de desempenho semelhantes às dos plásticos convencionais.

3. **Plásticos de base biológica:**

o Os plásticos de base biológica são derivados de fontes de biomassa renováveis, como a cana-de-açúcar, o milho ou a soja, e podem ser biodegradáveis, compostáveis ou recicláveis.

o Os plásticos de base biológica reduzem as emissões de gases com efeito de estufa e o esgotamento dos recursos em comparação com os plásticos derivados do petróleo, oferecendo uma alternativa mais sustentável para as aplicações de embalagem.

o Os plásticos de base biológica podem ser processados utilizando o equipamento e as tecnologias de fabrico existentes, o que os torna uma opção viável para a transição para soluções de embalagem mais sustentáveis.

4. **Materiais reciclados:**

o Os materiais reciclados, como o papel, o cartão, o vidro e os plásticos reciclados, são componentes essenciais das embalagens sustentáveis.

o Ao desviar os resíduos dos aterros e ao reduzir a procura de materiais virgens, os materiais de embalagem reciclados conservam os recursos naturais e a energia, reduzindo simultaneamente a poluição e as emissões de gases com efeito de estufa.

o Os avanços nas tecnologias e infra-estruturas de reciclagem aumentaram a disponibilidade de materiais reciclados para aplicações de embalagem, impulsionando a transição para uma economia circular.

5. **Materiais alternativos:**

o Materiais alternativos como o bambu, o micélio de cogumelos e os resíduos agrícolas oferecem alternativas promissoras aos materiais de embalagem convencionais.

o Estes materiais são renováveis, biodegradáveis e, frequentemente, requerem menos recursos para serem produzidos em comparação com os materiais de embalagem tradicionais.

o A inovação em materiais alternativos está a impulsionar o desenvolvimento de novas soluções de embalagem que equilibram o desempenho, o impacto ambiental e a relação custo-eficácia.

8.2 Conceção para o ambiente (DFE):

O Design para o Ambiente (DFE) é uma abordagem holística à conceção de produtos que tem em conta considerações ambientais ao longo do ciclo de vida do produto, desde o abastecimento de matérias-primas até à eliminação em fim de vida. No contexto da embalagem sustentável, os princípios DFE centram-se na otimização da conceção da embalagem para minimizar o impacto ambiental, satisfazendo simultaneamente os requisitos funcionais, estéticos e económicos.

1. **Seleção de materiais:**
   o O DFE dá ênfase à seleção de materiais sustentáveis com um impacto ambiental mínimo, tais como materiais renováveis, biodegradáveis, reciclados ou recicláveis.
   o Os designers avaliam o desempenho ambiental dos materiais com base em factores como a disponibilidade de recursos, o consumo de energia, as emissões, a toxicidade e as opções de fim de vida.

2. **Leveza e otimização:**
   o A leveza implica a redução da quantidade de material utilizado na embalagem sem comprometer o desempenho ou a integridade.
   o Ao otimizar os designs de embalagens para a eficiência dos materiais, os designers podem minimizar a utilização de materiais, reduzir os custos de envio e diminuir o impacto ambiental em toda a cadeia de fornecimento.

3. **Minimização dos resíduos de embalagens:**
   o Os princípios DFE dão prioridade à redução, reutilização e reciclagem de materiais de embalagem para minimizar a produção de resíduos e promover uma economia circular.
   o Os designers de embalagens exploram formatos de embalagem alternativos, como embalagens a granel, recipientes recarregáveis e sistemas de embalagem reutilizáveis, para minimizar os resíduos de embalagens de utilização única.

4. **Impressão e rotulagem ecológicas:**
   o A conceção de embalagens sustentáveis tem em conta técnicas de impressão ecológicas e opções de rotulagem que minimizam o impacto ambiental.

o   Os designers optam por tintas à base de água, à base de soja ou curáveis por UV, bem como por materiais de etiquetas recicláveis ou compostáveis, para melhorar a compatibilidade ambiental dos gráficos e da marca das embalagens.

8.3 Avaliação do ciclo de vida (LCA):

A Avaliação do Ciclo de Vida (ACV) é uma metodologia abrangente utilizada para avaliar os impactos ambientais de um produto ou sistema ao longo de todo o seu ciclo de vida, desde a extração da matéria-prima até à eliminação em fim de vida. No contexto da embalagem sustentável, a ACV fornece informações valiosas sobre o desempenho ambiental dos materiais, concepções e processos de embalagem, ajudando a identificar oportunidades de melhoria e otimização.

1.   **Definição do objetivo e do âmbito:**
o   A ACV começa por definir o objetivo e o âmbito do estudo, incluindo a unidade funcional, os limites do sistema e as categorias de impacto a avaliar.
o   Nos estudos de ACV de embalagens, a unidade funcional pode ser definida como a embalagem de um produto específico, como uma garrafa de bebida ou um recipiente para alimentos, enquanto as fronteiras do sistema abrangem todas as fases do ciclo de vida da embalagem, incluindo a produção de materiais, o fabrico, a distribuição, a utilização e a eliminação.

2.   **Análise de inventário:**
o   A análise do inventário envolve a compilação de dados sobre as entradas (por exemplo, matérias-primas, energia, água) e as saídas (por exemplo, emissões, resíduos) associadas a cada fase do ciclo de vida da embalagem.
o   Os profissionais de ACV recolhem dados de várias fontes, incluindo bases de dados da indústria, inventários de ciclos de vida, modelos de processos e recolha de dados primários, para desenvolver um inventário exaustivo de entradas e saídas ambientais.

3.   **Avaliação do impacto:**
o   A avaliação do impacto avalia os potenciais impactos ambientais do sistema de embalagem em várias categorias de impacto, como as emissões de gases com efeito de estufa, o consumo de energia, a utilização de água e a toxicidade.

o   Os profissionais de ACV utilizam métodos de avaliação do impacto, como o ReCiPe, o IMPACT2002+ e o CML, para quantificar e caraterizar os impactos ambientais dos materiais, concepções e processos de embalagem.

4. Interpretação e melhoria:

o   A interpretação envolve a análise dos resultados da ACV, a identificação de pontos críticos e soluções de compromisso e a elaboração de conclusões sobre o desempenho ambiental do sistema de embalagem.

o   Os profissionais de ACV utilizam técnicas de análise de sensibilidade, modelação de cenários e otimização para explorar potenciais melhorias e identificar estratégias para reduzir os impactos ambientais ao longo do ciclo de vida da embalagem.

8.4 Reciclagem e economia circular:

Os princípios da reciclagem e da economia circular são fundamentais para as estratégias de embalagem sustentável, com o objetivo de minimizar a produção de resíduos, conservar recursos e promover a reutilização e a reciclagem de materiais e produtos de embalagem. Ao adotar sistemas de ciclo fechado, ao conceber a reciclagem e ao apoiar o desenvolvimento de infra-estruturas, as empresas podem contribuir para uma economia circular e promover práticas de embalagem sustentáveis.

1. Sistemas de circuito fechado:

o   Os sistemas de ciclo fechado visam manter os materiais e produtos em circulação através de processos contínuos de reciclagem, reutilização e refabricação.

o   Num sistema de ciclo fechado, os materiais de embalagem são recolhidos, seleccionados e reciclados em novos produtos ou materiais de embalagem, fechando o ciclo dos materiais e reduzindo a necessidade de recursos virgens.

2. Conceção para reciclagem:

o   A conceção para reciclagem implica a otimização da conceção das embalagens para facilitar a triagem, a recolha e a reciclagem no final da sua vida útil.

o   Os designers de embalagens têm em conta factores como a compatibilidade dos materiais, a rotulagem e a desmontagem para melhorar a reciclabilidade dos materiais de embalagem e dos produtos.

3. Responsabilidade alargada do produtor (EPR):

o Os programas de Responsabilidade Alargada do Produtor (REP) transferem a responsabilidade pela gestão dos resíduos de embalagens dos consumidores para os produtores, incentivando os fabricantes a assumirem a responsabilidade pela gestão do fim de vida dos seus produtos.

o Os programas de REP incentivam os produtores a conceber embalagens recicláveis, a investir em infra-estruturas de reciclagem e a apoiar iniciativas de reciclagem através de contribuições financeiras ou de programas de gestão de produtos.

4. Desenvolvimento de infra-estruturas:

o O desenvolvimento de infra-estruturas é essencial para permitir a recolha, a triagem e a reciclagem de materiais de embalagem em grande escala.

o Os governos, as associações industriais e as organizações sem fins lucrativos investem em infra-estruturas de reciclagem, incluindo sistemas de recolha, instalações de recuperação de materiais (MRF) e tecnologias de reciclagem, para apoiar a transição para uma economia circular.

Capítulo 9:

Tendências futuras na embalagem

O panorama das embalagens está a evoluir rapidamente, impulsionado pelos avanços da tecnologia, pela alteração das preferências dos consumidores e pelas crescentes preocupações ambientais. À medida que as empresas procuram diferenciar os seus produtos, melhorar o envolvimento dos consumidores e reduzir a sua pegada ambiental, estão a surgir soluções de embalagem inovadoras para satisfazer estas necessidades em evolução. Este guia abrangente explora quatro tendências futuras fundamentais no domínio das embalagens: embalagens inteligentes, embalagens interactivas, nanotecnologia nas embalagens e embalagens biodegradáveis. Ao adotar estas tendências, as empresas podem manter-se à frente da curva e fornecer soluções de embalagem mais inteligentes, mais interactivas e mais sustentáveis.

9.1 Embalagens inteligentes:

As embalagens inteligentes referem-se a soluções de embalagem equipadas com características inteligentes, tais como sensores, indicadores e tecnologias de localização que fornecem informações em tempo real sobre o estado do produto, a sua frescura e utilização. Ao integrar tecnologias inteligentes nas embalagens, as empresas podem aumentar a segurança dos produtos, melhorar a visibilidade da cadeia de abastecimento e criar experiências interactivas para os consumidores.

1. Embalagem ativa:

- Os sistemas de embalagem ativa incorporam componentes activos, tais como absorvedores de oxigénio, absorvedores de humidade e agentes antimicrobianos para prolongar o prazo de validade e a frescura dos produtos embalados.
- Exemplos de tecnologias de embalagem ativa incluem indicadores de oxigénio que mudam de cor para indicar a frescura dos alimentos embalados e absorvedores de etileno que atrasam o amadurecimento de frutas e legumes.

2. Etiquetas e rótulos inteligentes:

o Os rótulos e etiquetas inteligentes, também conhecidos como etiquetas inteligentes, incluem sensores incorporados, etiquetas RFID (identificação por radiofrequência) ou chips NFC (comunicação de campo próximo) que comunicam informações sobre o produto aos consumidores e às partes interessadas da cadeia de abastecimento.

o As etiquetas inteligentes permitem funcionalidades como a monitorização da temperatura para produtos perecíveis, o acompanhamento do inventário para otimização da logística e a autenticação para fins anti-contrafação.

3. Indicadores de tempo e temperatura:

o Os indicadores de tempo-temperatura (TTI) são dispositivos de embalagem inteligentes que monitorizam o historial da temperatura de produtos perecíveis durante o armazenamento e o transporte.

o Os TTI fornecem indicações visuais ou digitais de abuso de temperatura, alertando os consumidores e os retalhistas para potenciais problemas de qualidade ou riscos de segurança e ajudando a reduzir o desperdício de alimentos.

4. Rastreabilidade e autenticação:

o As tecnologias de embalagem inteligente facilitam a rastreabilidade e a autenticação dos produtos ao longo da cadeia de abastecimento, permitindo um abastecimento transparente, medidas anti-contrafação e proteção da marca.

o A tecnologia Blockchain, em combinação com soluções de embalagem inteligentes, permite registos seguros e imutáveis da proveniência dos produtos, garantindo a autenticidade e a responsabilização.

9.2 Embalagens interactivas:

As embalagens interactivas envolvem a integração de tecnologias digitais como a realidade aumentada (RA), códigos QR e gráficos interactivos nos designs das embalagens para criar experiências imersivas para o consumidor e melhorar o envolvimento da marca. Ao tirar partido das soluções de embalagem interactiva, as empresas podem cativar os consumidores, fornecer conteúdos personalizados e criar fidelidade à marca.

1. Embalagens de realidade aumentada (AR):

o As embalagens AR combinam embalagens físicas com elementos virtuais, permitindo aos consumidores interagir com produtos e marcas através de experiências digitais imersivas.

o As aplicações de embalagens com recurso à AR incluem demonstrações de produtos, experimentações virtuais e experiências gamificadas que envolvem e entretêm os consumidores ao mesmo tempo que apresentam as características e as vantagens dos produtos.

2. Códigos QR e conteúdos digitais:

o Os códigos QR impressos nas embalagens permitem que os consumidores acedam a informações adicionais sobre os produtos, promoções, receitas ou vídeos de instruções, bastando para tal digitalizar o código com um smartphone.

o Os códigos QR constituem uma forma conveniente de as marcas fornecerem conteúdos personalizados, promoções e recompensas de fidelização diretamente aos consumidores, melhorando a experiência global da marca.

3. Gráficos interactivos e design de embalagens:

o Os designs de embalagens interactivas incorporam gráficos apelativos, animações e elementos interactivos que captam a atenção dos consumidores e incentivam a interação com o produto.

o Exemplos de concepções de embalagens interactivas incluem embalagens com mensagens ocultas ou puzzles que revelam conteúdos adicionais quando são abertos ou desdobrados, criando uma sensação de descoberta e prazer.

4. Experiências de embalagem personalizadas:

o As tecnologias de embalagem interactiva permitem às marcas proporcionar experiências personalizadas adaptadas às preferências, comportamentos e dados demográficos individuais.

o Ao recolher e analisar os dados dos consumidores, as marcas podem personalizar os desenhos das embalagens, as mensagens e as ofertas para que ressoem em públicos-alvo específicos, promovendo ligações mais profundas e a fidelidade à marca.

9.3 Nanotecnologia nas embalagens:

A nanotecnologia, a manipulação de materiais à escala nanométrica (um bilionésimo de metro), tem um enorme potencial para revolucionar os materiais de embalagem, as funcionalidades e as características de desempenho. Ao aproveitar as propriedades únicas das nanopartículas, tais como maior resistência, propriedades de barreira e atividade antimicrobiana, a nanotecnologia permite o desenvolvimento de soluções de embalagem inovadoras com funcionalidade e sustentabilidade superiores.

1. Propriedades de barreira melhoradas:

o A nanotecnologia permite o desenvolvimento de materiais de embalagem com propriedades de barreira melhoradas, tais como propriedades de barreira ao gás, à humidade e ao aroma.

o Os materiais nanocompostos, que incorporam nanopartículas como nanocamadas, grafeno ou óxidos metálicos à escala nanométrica, criam barreiras densas e impermeáveis que protegem os produtos embalados de factores externos e prolongam o prazo de validade.

2. Embalagem antimicrobiana:

o As nanopartículas com propriedades antimicrobianas, como as nanopartículas de prata, as nanopartículas de óxido de zinco e as nanopartículas de dióxido de titânio, podem ser incorporadas em materiais de embalagem para inibir o crescimento microbiano e prolongar a frescura do produto.

o As embalagens antimicrobianas ajudam a reduzir a deterioração dos alimentos, a prolongar o prazo de validade e a aumentar a segurança alimentar, impedindo o crescimento de bactérias, bolores e fungos nos produtos embalados.

3. Aplicações de embalagens activas:

o A nanotecnologia permite o desenvolvimento de sistemas de embalagem activos com funcionalidades inteligentes, como a eliminação de oxigénio, o controlo da humidade e a libertação de aromas.

o Os materiais de embalagem activos que contêm nanopartículas ou nanocompósitos reagem às alterações no ambiente da embalagem, libertando ou absorvendo substâncias para manter a qualidade e a frescura do produto.

4. Nanomateriais sustentáveis:

o A nanotecnologia oferece oportunidades para desenvolver materiais de embalagem sustentáveis com um impacto ambiental reduzido e uma melhor capacidade de reciclagem.

o Os nanomateriais sustentáveis derivados de fontes renováveis, como os nanocristais de celulose, as nanopartículas de quitosano e as nanopartículas de amido, oferecem biodegradabilidade, biocompatibilidade e baixa toxicidade, o que os torna opções atractivas para aplicações de embalagem ecológicas.

9.4 Embalagens biodegradáveis:

As embalagens biodegradáveis referem-se a materiais de embalagem que se podem decompor naturalmente no ambiente, regressando à terra sem deixar resíduos nocivos ou poluentes. Ao utilizar materiais biodegradáveis derivados de recursos renováveis ou de fluxos de resíduos, as empresas podem reduzir a sua dependência de combustíveis fósseis, minimizar a poluição por plásticos e promover uma economia circular.

1. **Bioplásticos e polímeros de base biológica:**
o Os bioplásticos e os polímeros de base biológica são alternativas biodegradáveis aos plásticos tradicionais à base de petróleo, derivados de recursos renováveis como o amido de milho, a cana-de-açúcar ou a celulose.
o Os bioplásticos oferecem características de desempenho semelhantes às dos plásticos convencionais, mas biodegradam-se mais facilmente em ambientes de compostagem, reduzindo o seu impacto ambiental e contribuindo para o desvio de resíduos.

2. **Embalagens compostáveis:**
o Os materiais de embalagem compostáveis decompõem-se em matéria orgânica, água e dióxido de carbono em instalações industriais de compostagem, deixando um composto rico em nutrientes que pode ser utilizado para enriquecer o solo e apoiar o crescimento das plantas.
o As películas, sacos e contentores de embalagens compostáveis são certificados de acordo com normas internacionais como a ASTM D6400 e a EN 13432, garantindo a sua degradação segura e eficiente em ambientes de compostagem.

3. **Fibras e materiais à base de plantas:**
o As fibras de origem vegetal, como o bambu, o bagaço de cana-de-açúcar e a palha de trigo, oferecem alternativas sustentáveis aos materiais de embalagem tradicionais de papel e cartão.

o Estas fibras renováveis são biodegradáveis, compostáveis e podem ser transformadas em materiais de embalagem com propriedades adequadas para várias aplicações de embalagem, incluindo caixas, tabuleiros e copos.

4. **Aditivos e revestimentos biodegradáveis:**

o Os aditivos e revestimentos biodegradáveis podem ser aplicados a materiais de embalagem convencionais, como o plástico, o papel e o cartão, para melhorar a sua biodegradabilidade e compatibilidade ambiental.

o Aditivos como polímeros à base de amido, PLA (ácido poliláctico) e PHA (polihidroxialcanoatos) melhoram a biodegradação dos materiais de embalagem, reduzindo o seu impacto ambiental e facilitando a sua integração em sistemas de economia circular.

Capítulo 10:

Estudos de caso

As inovações nas embalagens desempenham um papel fundamental na modelação das experiências dos consumidores, na diferenciação das marcas e na resposta aos desafios da sustentabilidade em vários sectores. Através de uma série de estudos de casos, esta análise abrangente explora inovações de embalagens bem sucedidas em diversos sectores, destacando as principais estratégias, as lições aprendidas e o impacto na perceção do consumidor, no valor da marca e na competitividade do mercado.

10.1 Inovações em embalagens em vários sectores:

1. Indústria de alimentos e bebidas:

Estudo de caso 1: A garrafa vegetal da Coca-Cola

- A Coca-Cola apresentou a PlantBottle, uma inovação de embalagem feita de materiais à base de plantas derivados da cana-de-açúcar e do melaço.
- A PlantBottle reduz a dependência de combustíveis fósseis, diminui as emissões de carbono e melhora a reciclabilidade do plástico PET.
- O compromisso da Coca-Cola para com as embalagens sustentáveis reforçou a sua imagem de marca, repercutiu-se nos consumidores ambientalmente conscientes e posicionou a empresa como líder em sustentabilidade empresarial.

Estudo de caso 2: Ooho! Bolhas de água comestíveis

- Ooho! é uma inovação de embalagem desenvolvida pelo Skipping Rocks Lab, que consiste em bolhas de água comestíveis feitas a partir de extractos de algas marinhas.
- Ooho! elimina a necessidade de garrafas de plástico de utilização única, oferecendo uma alternativa sustentável para o acondicionamento de bebidas.

- O design inovador e as propriedades ecológicas da Ooho! atraíram uma atenção generalizada, despertando o interesse de consumidores, retalhistas e empresas de bebidas que procuram soluções de embalagem sustentáveis.

2. Indústria de cosméticos e cuidados pessoais:

Estudo de caso 1: Protótipo de garrafa de papel da L'Oréal

- A L'Oréal apresentou um protótipo do primeiro frasco de cosméticos em papel do mundo, desenvolvido em colaboração com o fornecedor de embalagens Paptic e o fabricante de papel BillerudKorsnäs.
- O protótipo de garrafa de papel oferece uma alternativa renovável e biodegradável às embalagens de plástico tradicionais, alinhando-se com os objectivos de sustentabilidade da L'Oréal.
- O investimento da L'Oréal em soluções de embalagem inovadoras reflecte o seu compromisso com a gestão ambiental, as preferências dos consumidores e a sustentabilidade a longo prazo.

Estudo de caso 2: Conceito de embalagem nua da Lush

- A Lush, um retalhista de cosméticos conhecido pelos seus produtos artesanais e sustentáveis, introduziu o conceito de embalagem Naked, oferecendo alternativas sem embalagem às embalagens tradicionais de cosméticos.
- O conceito de embalagem Naked inclui champôs sólidos em barra, bombas de banho e sabonetes corporais embrulhados em materiais compostáveis ou vendidos sem embalagem.
- O compromisso da Lush em reduzir o desperdício de embalagens e promover alternativas sem embalagens tem tido eco junto dos consumidores ecologicamente conscientes, impulsionando a lealdade e a defesa da marca.

3. Cuidados de saúde e indústria farmacêutica:

Estudo de caso 1: Medicamento impresso em 3D da Aprecia Pharmaceuticals

- A Aprecia Pharmaceuticals desenvolveu o Spritam, o primeiro medicamento impresso em 3D aprovado pela FDA para o tratamento da epilepsia.

- Os comprimidos de Spritam são produzidos utilizando a tecnologia ZipDose, propriedade da Aprecia, que permite a deposição precisa de camadas de medicação para criar fórmulas de dose elevada.

- Os medicamentos impressos em 3D da Aprecia oferecem vantagens como a dosagem exacta, a desintegração rápida e a facilidade de administração, melhorando a adesão dos doentes e os resultados do tratamento.

Estudo de caso 2: Seringa pré-cheia de vidro BD Neopak™ da BD

- A BD (Becton, Dickinson and Company) apresentou a seringa pré-cheia de vidro BD Neopak™, uma inovação em termos de embalagem concebida para melhorar a segurança, a facilidade de utilização e a sustentabilidade dos sistemas de administração de medicamentos injectáveis.

- A seringa BD Neopak™ apresenta um design único com uma proteção da agulha integrada, um êmbolo ergonómico e um espaço morto reduzido, minimizando o desperdício de medicação e as lesões causadas por agulhas.

- O compromisso da BD para com a inovação na embalagem farmacêutica posicionou a empresa como um parceiro de confiança para as empresas farmacêuticas que procuram soluções de distribuição de medicamentos fiáveis e centradas no doente.

10.2 Histórias de sucesso:

1. Programa de embalagem sem frustração da Amazon:

o A Amazon lançou o programa Frustration-Free Packaging (FFP) para reduzir o desperdício, melhorar a satisfação do cliente e simplificar as operações de embalagem para a sua plataforma de comércio eletrónico.

o O programa Embalagem Sem Frustração incentiva os fornecedores a utilizarem materiais de embalagem recicláveis e fáceis de abrir, eliminando o excesso de embalagens e reduzindo o impacto ambiental.

o O programa Frustration-Free Packaging da Amazon tem sido amplamente elogiado pelo seu impacto positivo na sustentabilidade, na experiência do cliente e na eficiência da cadeia de abastecimento.

2. Instituto de Ciências da Embalagem da Nestlé:

o A Nestlé criou o Instituto de Ciências da Embalagem com o objetivo de promover a inovação, a investigação e a colaboração no domínio da embalagem em todas as suas operações a nível mundial.

o O Instituto de Ciências da Embalagem centra-se no desenvolvimento de soluções de embalagem sustentáveis, na redução dos resíduos de plástico e na promoção de iniciativas de economia circular.

o O investimento da Nestlé na inovação e sustentabilidade das embalagens sublinha o seu empenho em enfrentar os desafios ambientais, satisfazer as expectativas dos consumidores e impulsionar a criação de valor a longo prazo.

10.3 Lições aprendidas:

1. A colaboração é fundamental:

o As inovações bem sucedidas em matéria de embalagens implicam frequentemente a colaboração e parcerias entre várias partes interessadas, incluindo fornecedores, fabricantes, retalhistas e consumidores.

o A colaboração facilita a partilha de conhecimentos, a partilha de recursos e a resolução colectiva de problemas, acelerando o desenvolvimento e a adoção de soluções de embalagem inovadoras.

2. Abordagem centrada no consumidor:

o As inovações em matéria de embalagens devem dar prioridade às preferências, necessidades e valores dos consumidores, reflectindo a evolução dos estilos de vida, dos comportamentos e das preocupações com a sustentabilidade.

o Ao adoptarem uma abordagem centrada no consumidor, as empresas podem criar soluções de embalagem que ressoem junto dos públicos-alvo, promovam a fidelidade à marca e melhorem a experiência global da marca.

3. A sustentabilidade não é negociável:

o A sustentabilidade está a tornar-se cada vez mais um aspeto inegociável da inovação em embalagens, impulsionada por requisitos regulamentares, pela procura dos consumidores e pela responsabilidade das empresas.

o As empresas devem dar prioridade a materiais, desenhos e práticas de embalagem sustentáveis para minimizar o impacto ambiental, reduzir os resíduos e criar confiança junto dos consumidores.

4. Inovação contínua:

o O ritmo dos avanços tecnológicos e as expectativas dos consumidores exigem que as empresas adoptem uma inovação contínua no design, nos materiais e nas funcionalidades das embalagens.

o Ao manterem-se na vanguarda e ao investirem em I&D, as empresas podem antecipar as tendências do mercado, enfrentar os desafios emergentes e manter uma vantagem competitiva no dinâmico panorama das embalagens.

Glossário

Embalagem asséptica: Um processo de embalagem que envolve a esterilização do produto e da embalagem separadamente e, em seguida, o enchimento do produto no recipiente esterilizado em condições estéreis para evitar a contaminação.

1. **Propriedades de barreira**: A capacidade dos materiais de embalagem para impedir a passagem de gases, humidade, luz ou outras substâncias, preservando assim a qualidade e a frescura do produto embalado.

2. **Biodegradável**: Capaz de ser decomposto por processos biológicos naturais, como bactérias, fungos ou enzimas, em substâncias mais simples, como água, dióxido de carbono e biomassa.

3. **Fecho**: O dispositivo ou mecanismo utilizado para selar e fixar uma embalagem, como tampas, cápsulas, rolhas ou selos, para proteger o conteúdo de fugas, contaminação ou adulteração.

4. **Resistência à compressão**: A capacidade dos materiais de embalagem para suportar pressões ou forças externas sem colapsar ou deformar, medida como a carga ou tensão máxima que o material pode suportar antes de falhar.

5. **Cartão canelado de fibra**: Um tipo de material de embalagem que consiste num suporte canelado ensanduichado entre uma ou mais placas de revestimento planas, proporcionando resistência, amortecimento e rigidez para expedição e armazenamento.

6. **Flexografia**: Um processo de impressão normalmente utilizado em embalagens para imprimir a alta velocidade, grandes volumes de etiquetas, embalagens flexíveis, caixas de cartão canelado e outros materiais, utilizando placas de relevo flexíveis e tintas de secagem rápida.

7. **Inviolável**: Características da embalagem ou selos concebidos para indicar se um produto foi adulterado ou aberto antes da compra, garantindo a integridade do produto e a segurança do consumidor.

8. **Resistência à tração**: A tensão ou força de tração máxima que um material pode suportar antes de se partir ou romper, medida como a força por unidade de área necessária para separar o material.

9. **Termoformagem**: Um processo de fabrico utilizado para moldar folhas termoplásticas em formas tridimensionais, aquecendo o material até este se tornar maleável e, em seguida, moldando-o a vácuo ou sob pressão sobre um molde.

10. **Embalagem a vácuo**: Um método de embalagem que remove o ar da embalagem antes da selagem para criar um ambiente de vácuo, prolongando o prazo de validade dos produtos perecíveis através da redução da exposição ao oxigénio e da prevenção da deterioração.

11. **Compostos orgânicos voláteis (COVs)**: Substâncias químicas orgânicas que podem evaporar no ar à temperatura ambiente, frequentemente encontradas em adesivos, tintas, revestimentos e outros materiais de embalagem, contribuindo para a poluição do ar e problemas de qualidade do ar interior.

Referências

1. **Livros**:

o "Tecnologia de Embalagem: Fundamentals, Materials and Processes" de Anne Emblem e Henry Emblem

o "Packaging Machinery Handbook: The Complete Guide to Automated Packaging Machinery" por Paul Singh e Harry D. Rowe

o "O negócio das embalagens sustentáveis: Strategies, Tools, and Best Practices for a Circular Economy" (Estratégias, ferramentas e melhores práticas para uma economia circular) por Carol Zweep

2. **Sítios Web**:

o **The Packaging School** (www.packagingschool.com): Oferece cursos e recursos online que abrangem vários aspectos da tecnologia de embalagem, design e sustentabilidade.

o **Instituto de Profissionais de Embalagem** (www.iopp.org): Fornece recursos educativos, oportunidades de estabelecimento de contactos e informações sobre o sector para profissionais de embalagem.

o **Sustainable Packaging Coalition** (www.sustainablepackaging.org): Uma organização baseada em membros focada no avanço das práticas de embalagem sustentável através da investigação, colaboração e educação.

3. **Feiras e conferências**:

o **PackExpo**: Uma das maiores feiras comerciais de embalagens, com exposições, seminários e oportunidades de contacto para profissionais de embalagens.

o **Interpack**: Uma feira internacional líder para a indústria de embalagens, que apresenta as últimas inovações, tecnologias e tendências em embalagens e processamento.

4. **Associações profissionais**:

o **Organização Mundial de Embalagens (WPO)**: Uma federação internacional de associações de embalagens dedicada a promover a excelência e a sustentabilidade das embalagens.

o **Organização do Pacto Australiano sobre Embalagens (APCO)**: Trabalha com o governo, a indústria e as partes interessadas da comunidade para promover práticas de embalagem sustentáveis na Austrália.

5. **Publicações e revistas em linha**:

o **Packaging World** (www.packworld.com): Oferece notícias, artigos e recursos sobre tecnologia de embalagens, materiais e tendências.

o **Packaging Strategies** (www.packagingstrategies.com): Fornece informações, análises e estudos de caso sobre inovação, design e sustentabilidade de embalagens.

6. **Instituições académicas**:

o Muitas universidades oferecem programas académicos e cursos de ciência, engenharia e tecnologia da embalagem, proporcionando aos estudantes os conhecimentos e as competências para seguirem carreiras na indústria da embalagem.

Printed by Books on Demand GmbH, Norderstedt / Germany